U0187599

BEAUTY / STRUCTURE / SPACE / TIME / TOUCH / COLOR / TONE / VISUAL GRAVITY / PAUSE / RHYTHM / NEGATIVE POWER

美 / 结构 / 空间 / 时间 / 触觉 / 色彩 / 影调 / 视觉重力 / 停顿 / 节奏 / 否定性力量

# 梦、时间与短视频

亲爱的安先生 著

江苏凤凰文艺出版社
JIANGSU PHOENIX LITERATURE AND ART PUBLISHING

**图书在版编目（CIP）数据**

梦、时间与短视频 / 亲爱的安先生著 . -- 南京 :
江苏凤凰文艺出版社 , 2023.6
ISBN 978-7-5594-7712-5

Ⅰ . ①梦… Ⅱ . ①亲… Ⅲ . ①视频制作 Ⅳ .
① TN948.4

中国国家版本馆 CIP 数据核字 (2023) 第 075265 号

**梦、时间与短视频**

亲爱的安先生 著

责任编辑　周颖若
封面设计　车　球
产品经理　张金蓉
特约编辑　王云欢
出版发行　江苏凤凰文艺出版社
　　　　　南京市中央路 165 号，邮编：210009
网　　址　http://www.jswenyi.com
印　　刷　三河市嘉科万达彩色印刷有限公司
开　　本　787 毫米 ×1092 毫米　1/32
印　　张　9.25
字　　数　156 千字
版　　次　2023 年 6 月第 1 版
印　　次　2023 年 6 月第 1 次印刷
书　　号　ISBN 978-7-5594-7712-5
定　　价　68.00 元

推荐序 一

# 重新解构并定义短视频

◎ 穆德远

知名导演、北京电影学院教授、博士生导师

中国影视摄影师学会会长

我非常高兴为《梦、时间与短视频》这本书写推荐序。

原因有三：其一，作者“亲爱的安先生”是我教过的优秀的学生之一，他拍的短片作业至今令我记忆犹新；其二，此书既有很高的情绪价值，是一本读起来很开心的书，又很有实用价值，实用主义贯穿始终；其三，做短视频的朋友读了这本书，一定会有新发现并产生不一样的思维方法。

本书是对短视频的新解，它解构了语言学的基本传播特点及非固定场所的视觉传播特性，以特别的、充满意趣的角度定义了短视频。自此，作者野心勃勃地重新构建了短视频非线性的传播特质，观看者仿佛成了被相互争夺的资产。作者赤裸裸地将短视频的魅力解析成“诱惑”。在书的各个章节中，他有意无意地将逻辑打碎了，让读者记住的是一个个有意义的案例与知识点，并极为有效地理解其内容。

碎片、切片，聚合、解构、再聚合成当下的结论，是本书的结构特征。文字的叙述过程本身就成了短视频的化身。这种文风我真的不多见，此书读起来，让人感到作者的思路天马行空，又总能在章节的最后脚踏实地，回到作者对精彩短视频制作的“密码”上。

《梦、时间与短视频》是我看过的最不像理论书籍的书了，说它是一本理论书，倒不如说它是一本短视频的"武功秘籍”。

我相信，今天的读者会说它从头到尾都是“干货”，殊不知读者早已掉入作者构建的世界里，而作者在一边坏笑。在读这本书时，我这个电影教学的“老泡儿”也不自觉地掉入了他当下的“圈套”。此书吸引人注意的地方，就像江湖卖艺者总有办法让路过的行人驻足，也许这就是此书的魅力所在吧。

不把短视频的文本、技巧、制作、传播吃透恐怕很难写出此书。难能可贵的是，作者不是站在理论制高点上说教，更没有深陷在理论的泥潭里，而是归根结底到短视频的制作方法上和读者掏心掏肺地聊天，实话实说短视频。

**2023 年 3 月于北京**

推荐序　二

# 当我们谈论短视频，我们在谈论什么

◎ 王竞
知名导演

短视频时代来了。它翻腾着巨浪、裹挟着泥沙与泡沫，以雷霆万钧之势轰鸣而至，不可阻挡。今天，在办公室、公交车站、地铁、医院，甚至在行人的手中、课堂上、快递小哥休息的片刻，短视频无时无刻不占据着人们的目光，扰动人们的心思，抢夺着人们的注意力，吞噬着所有人的时间。不论在东方还是在西方，一些有识之士对此忧心忡忡，担心它侵占了本已少到可怜的读书和学习兴趣时间，侵蚀人们本已千疮百孔的精神世界。有人呼吁加强审查，有人呼吁禁止或立法，但所有人都意识到，此时再来讨论这一切为时已晚。无论你怎么看待短视频，赞成与否，此时不得不承认，它已经变成了人们生活中的一部分，不可分割，更不可逆转。

早在二十年前，一则叫作《星战小子》（*Star Wars Kid*）的自拍视频短时间内风靡世界，达到上亿次的播放，让人们见识到了短视频可怕的力量。但受制于互联网和台式机的局限，短视频的滥觞只集中在上网的年轻人中间。随着智能手机等移动端的普及，以及4G、5G无线蜂窝技术的应用，短视频在一夜之间社会化、通俗化，到今天，它已经部分地变成了人们关于社会评论、时事见闻、日常分享、情感交流的基本表达方式，甚至是普罗大众了解外部世界的主要形式。一夜之间，人人都在争相传播短视频，人人争当网红和up主[1]，短视频的时代真的开始了。今天，将短视频的广泛传播称为一场媒介革命也不为过。而在历史上，能与这场革命的规模相当的似乎只有纸张的普及和印刷机的发明。

“亲爱的安先生”就是在这样的背景下应运而生的，并成为这一波浪潮中的佼佼者（后文我将简称为“安先生”）。“安先生”毕业于北京电影学院，在我的课上算是优秀生。如果没记错的话，他的《故事片创作》课程成绩应该位列前三。然而，“安先生”的选择让他成了同学中的一个异类。

---

1　up主：uploader，即“上传者”，简称up主，指在视频网站等上传视频、音频文件的人。

通常，北京电影学院毕业生怀抱的梦想是电影创作。哪怕去拍“网大”，好歹也是用电影讲故事。短视频的门槛如此之低，似乎是个人都能拍，堂堂电影学院的毕业生从事短视频创作，颇有不务正业之嫌。

然而，短视频创作真的这么简单吗？手机人人都有，视频人人都会拍，“这是一个全民生产内容的时代，从未有过一个时代能有如此多的普通老百姓随意发出自己的声音，而且这些声音随时有可能被上亿的人听到……”“安先生”如是说（书中第40页）。但是，拍出一则有热度、能够流行的短视频，真的那么容易吗？除非你碰巧遇上了某个千载难逢的“奇观”，否则你试着上传一条短视频，看看你的声音能被多少人听到？

一些up主为了博流量，不惜蹭热点、哗众取宠，甚至造谣，无所不用其极……然而这样的“博”并不一定能带来多少流量。任何一位up主，如果能持续地引发关注、带来热度，要么是内容够硬，要么就是已经深谙短视频创作的要旨。“亲爱的安先生”在抖音平台有166万的粉丝量（统计截至2023年5月），且一直稳定增长，其成功背后一定隐藏着某些契合短视频创作规律的密码。

中世纪的欧洲，阅读和书写是一种“特权”，仅有神职人员和少量的贵族才能拥有。不单是因为学校、图书馆等文化设施的缺乏，还因为读写本身就很昂贵。当时的文献是由抄写员一笔一画地抄写在贵重的羊皮纸上，一本书的抄写常常耗时数周甚至数月才能完成。后来印刷机出现了，纸张也变得便宜了，能够读写的人变多了。当时的人一定也曾预言，随着读写变得更容易，人人都有可能成为作家。

几百年过去了，我们看到今天写作仍然是一项“特权”，只不过掌握这项特权的人不再是神职人员或贵族，而是那些深谙文字之道的作家、知识分子。他们可能曾经是工人或者快递小哥、打工妹，但他们拥有普通人不具备的感受力和表达欲，有着更丰富的书写知识。于是人们认识到，写作不同于写字。同样，会拍视频也不同于短视频创作。

或许，特权并没有消失，只是从神职人员和贵族手中转移到了另外一群人手中。权力的门槛也没有变低，只是从“社会阶层的门槛”换成了“懂得表达的门槛”。电影学院的毕业生表面上看离视频创作更近，但技术的门槛已经改变了，他们并不必然拥有这方面的优势。

“亲爱的安先生”的确拥有北京电影学院的专业知识，但这并不能替代他多年来在短视频领域的耕耘。读过他的这本书就会知道，在短视频创作领域，他已经远远超过了他曾经的同学和老师。在书中，他乐此不疲地在哲学、心理学、视听语言等领域频频切换，显示出涉猎的丰富和思想的灵动。这其中既有身心的感悟，也不乏理性的思考，让作为读者的我对短视频的理解进一步加深了。

《梦、时间与短视频》讨论的主轴是时间。第一部分叫作“破碎的时间”，第二部分是“时间的纵深”，第三部分是“时间的语法”，三个部分读来并无严谨的逻辑关系，也不追求深刻，但“时间”是“安先生”思考这个世界的原点。回想起来，“时间”这个种子从他在电影学院学习的时候就已经种下了。记得我上课的时候曾经请每一位同学上台，讲述自己接下来想要拍摄的电影题材。“安先生”讲述了一个“86 秒”的故事，题目就叫《 + 86》。大意是说故事的主人公对时间的感受和普通人不一样，他对世界的反应比别人慢 86 秒。从出生时的第一声啼哭，到听懂一个笑话，他和世界有 86 秒的时差。能看出来，“安先生”自那时起就对隐藏在万物运行背后的时间作用着迷。

按照当代物理学的观点，时间并不存在。因为在物理学领域，万物运动的方向都是可逆的，唯一不可逆、且有方向性的运动只有“热量”——时间的本质是“热量”。我们可以说，时间是“熵增”带给人类的认知错觉，它却成为人类对世界最重要的理解模型：生命、四季、兴亡、历史……“子在川上曰，逝者如斯夫”，他用一个诗意的说法，说明了时间的价值在于燃烧。

当我们把时间解构，世界就变成了一地的碎片。“安先生”在书中讨论的话题是碎片化的，这和后现代学者们对于世界的表述相符。而碎片化，恰恰就是短视频的基本样貌（短视频的英文翻译之一就是“video clip”）。在这个意义上，短视频应运而生，是对这个时代碎片化的一种回应。“安先生”将碎片重新建构出“时间”这一维度，赋予短视频时间的价值。你可以说，他是在将短视频诗意化。跟随他的脚步，你不难追寻到短视频价值的草蛇灰线，慢慢感受到他念兹在兹的时间之美。在这本书中，“安先生”并不急于为短视频正名，也不传授制作短视频的心法秘招，只是静静地分享自己和学员的创作心得，以及浸淫于这个宇宙之中的思考。如果你是一个想要了解短视频创作或者有意闯荡短视频江湖的人，相信会从书中找到有益于自己的营养。

人类自从进入信息时代，各种新媒介就以越来越快的速度颠覆着我们的生活。短视频的存在也就二十几年，对于很多人来说，它仍然是一项新事物。然而，作为一种新型媒介，它已经高度成熟了。2023 年，字节跳动的估值达到 3000 亿美元，年利润 250 亿美元。不可否认的是，短视频的浪潮已经带来了惊人的影响力和巨量的财富。当我们谈论流量时，也是在谈论财富。作为积极投身短视频的创作者，“安先生”已然成为这波浪潮的“新贵”。

我想，有心的读者也能在阅读的过程中，找到属于自己的成功密码。在本书的结尾，“安先生”热情地说，“拥抱新事物，往往会显得鲁莽和有所企图，但这也需要更多的勇气”。

**2023 年 5 月 2 日**

推荐序　三

# 艺术和文化的内核力量，让创作者走得更远

◎ 丁丰
二更视频创始人

几年前，或许没人相信，短视频会成为继电影之后一种新的传媒艺术形式。但这几年，短视频与艺术领域的破壁结合，再加之内容形式上的不断推陈出新，其艺术特征不断显现，吸引越来越多的人去思考短视频与艺术形式之间的界限。

在我接触过的短视频创作者中，“亲爱的安先生”（后文我将简单称呼他为“安先生”）是比较特别的一位。或许因为影视科班出身的经历，他的短视频内容将电影、文学、摄影、绘画、戏剧、表演等不同形式的艺术融合在一起，并通过独特的镜头语言和叙事节奏传达给观众。在他的作品里，我能看到短视频这种视听语言形式如何脱离了传统的刻板，如何

在手机屏幕上碰撞出第二次艺术生命。

就如“安先生”在本书中所讲，“从事短视频行业的人，应该要有一种骄傲，即我们正在捡起光荣的娱乐传统”。他的作品就是娱乐性与艺术性的融合。

根据这本书的三大部分的命名也可以看出，本书的核心是强调“短视频”的“短”不只是物理意义上的时间呈现，更是创作者对于“时间”在不同维度上的解构。比如，节奏。一种是高密度的信息量堆砌的节奏，精髓是在很小的时间颗粒度上，传递尽量多的信息量。而反观安先生的短视频，更多体现的是东方禅意美学的思维。东方禅意美学的留白，起源于国画技法，强调的是画面的节奏和呼吸，与其对应的是短视频表现手法上的停顿、延时和沉默。这里只是这本书中的一小段观点展现而已，可见这本书对于艺术和叙事以及时间的解构是深刻而又具有辩证思维的。

在这本书里我还看到一种新的认知，或者说是一种“短视频美学”。几年前短视频正处于初创期，创作氛围朴素，创作者也大多是素人，这一时期的短视频更多的是呈现出对于真实生活的记录，让素人创作者在进入门槛低、制作周期短、效果反馈快的初始阶段快速收获流量与红利，但随之也暴露出大量视频内容忽略审美追求的问题。时至今日，短视频的创作早已走过初创期的纷乱与轻浅。随着传统文化元素和高雅艺术元素不断进入短视频领域，短视频这种传播形式的艺术特征正在悄然改变，并影响大众的艺术感知与表达。

我们该如何创作短视频呢？这就是《梦、时间与短视频》这本书的价值所在。首先，安先生在开篇处便抛出极具深度的课题，试图深入剖析短视频的内在和本质，挖掘根源上的存在意义。其次，他试图通过画幅、影调、张力这些专业摄影名词的使用，又将短视频的影像美感一语道破。最后，他对于文字的应用，事物内在价值的挖掘、输出以及内容视觉表达上展现出了极致化和专业化的美学素养。这本书展示出来的绝不仅仅是怎么制作短视频，而是怎么将短视频内容赋予艺术和文化的内核力量。

就如最近我关注到一些极具艺术表现力的短视频创作新秀，他们有些在短时间内以优质的作品快速斩获流量，声名大噪，有些风格清新脱俗，自成一派，甚至带几分先锋艺术的味道。因此，这本书无疑会帮助更多创作者找到自己的方法论，集众人之力把短视频打造成一门真正的传播艺术，像对待一门严肃的社会科学一样，去定义它，研究它，正视它。

在精致化、艺术化这个大方向下，短视频的下一个高光时刻不会太远。或许像一切艺术形式一样，短视频未来的高低与雅俗，只在毫厘之间。

**2023 年 3 月 21 日**

推荐序　四

# 如何更深层地与观众交流

◎ 林韬

北京电影学院教授

现在的社会已经进入了“泛影像”交流的时代，影像不仅是艺术表达，而且已经成为人们交流的一种重要媒介，成为一种交流“语言”。影像可以分为电影大银幕影像、剧集与电视影像、实验艺术影像、新媒体影像、互动影像等众多类型；从另外一个维度来看，影像又可以分为长视频、中视频、短视频等表现形式。我们常说的短视频属于新媒体影像的一种，是大众接受度很高的一种视听交流方式。

《梦、时间与短视频》这本书，对短视频的本质、表达技巧、交流属性、社会文化关联性等方面进行了深刻的分析解读，让读者能够比较透彻地理解短视频。作者具有影视专业教育背景，也有丰富的影视创作经验，所以本书给读者们带来了很多有深度的专业观点，特别是短视频创作与专业影视创作中共通的原理、方法以及表现技巧。这些对学习短视频制作的读者来说，有实质性借鉴价值。

同时，短视频也有其自身的表达规律和特点。作者经过长期实践以及理论总结，在本书中和读者们分享了有关短视频独有的认识和发现。短视频与观众交流的独特表现力，不仅涉及艺术创作层面，还涉及视觉心理学、社会心理学等多方面原理的实践运用。《梦、时间与短视频》在这些层面上也给读者带来了丰富有趣的知识分享。

本书的语言比较细腻，结构章节也清晰明了，对各种类型的读者都很友好，是一本读起来比较轻松有意思的书。普通读者可以通过这本书对当下快速发展的短视频有一个较为深入全面的认识理解；致力于短视频创作的读者则可以活学活用本书关于短视频创作、传播、表达、交流方面的原理和方法，提升自己的拍摄和传播效果；专业影视工作者也可以在本书中领略到短视频独特的表达魅力。

**2023 年 4 月于北京**

推荐序　五

# 下一站，十亿存量市场

◎ 翁怡诺
知名投资人
著有《新零售的未来》《新品牌的未来》

有人称我们当下所处的时代正在用狂飙的速度吞噬时间。

移动互联领域就是典型的代表之一。在这里，时间好像多出一个维度，三个月相当于一年，一年相当于五年，而五年就是一个时代。我认识的“亲爱的安先生”（后文我将简单称呼他为安先生）也是如此，他在短视频领域的成绩与互联网的飞速演变一样，总能让我发出阶段性的惊叹。

在我们相识之初，他和其他初尝短视频创作的人一样，对这个新兴领域茫然未知。谁也没想到仅仅几个月后他一跃而起，不但找到了自己的风格，还做出些名堂来；再后来，他把自己摸索出来的经验做成一套系统化的学问，开始教人做短视频。从某种意义上看，他的成长就是短视频成长的缩略图。八年前短视频开始出现在公众视线里，随后一路高歌猛进，乘着时代大势狂揽近 10 亿用户规模，一跃登顶互联网流量高地。安先生的成长也是如此，神奇又迅速。

我记得在中国互联网络信息中心发布的第 50 次《中国互联网络发展状况统计报告》中有这样一组数字：截至 2022 年 6 月，我国网民规模为 10.51 亿，其中短视频用户规模达 9.62 亿，占网民整体的 91.5%。这似乎意味着两重意思：第一，在 10 亿多中国网民中超过 9 成人是短视频用户，短视频覆盖率极高；第二，留给短视频跑马圈地的余量空间正在极速缩小，未来的增长逻辑将很大程度上从早期“从无到有”的增量市场逐步过渡到“从多到优”的存量市场。短视频的下一站将不再比拼宽度，而是转向深度，要做精、做专。

安先生再一次带给我惊喜——他推出这样一本从主旨、内容、形式、表达再到推广、联动和变现，用全链路思维重塑短视频创作认知的书籍。看完这本书，我终于知道他是如何在白热化的流量竞争中脱颖而出，坐拥百万粉丝的；他是凭借什么得以吸引 6000 多名短视频从业者的追捧与认可，师从于他潜心学习的；他又是怎样吸引众多合作品牌青睐的。他的厉害之处在于，当他拥有流量之后，愿意用自身所学反哺行业，带领更多有梦想的人在短视频里挖掘人生的第一桶金，通过这种方式实现自我。

这本书能带给你什么？我认为最直接的就是流量。无论在流量为王的时代，还是即将到来的“存量市场”，流量一直都是短视频行业的命脉。但当下的大环境对短视频的品质要求达到前所未有的高度，简单粗暴的原始方式在流量增长上的效用降低，如安先生这样凭借系统化、有理有据地抓取注意力的技术派手法却在成为一条通向流量的新捷径，而这类短视频创作者也将在未来成为占据流量高地的先锋。

与其说本书的诞生是迎合了短视频行业的划时代变革，不如说是在时代大势里，在恢宏的十亿存量市场里，为我们指出一条明路：谁能掌握规律，谁能承载专业，谁才能昂首前行。

**2023 年 4 月于北京**

# 目录

## 第一部分 破碎的时间

2

# 第二部分
# 时间的纵深

## 第三部分 时间的语法

# 第一部分

# 破碎的时间

# 第一章

# 短视频<br>是<br>一则游离的信息

短视频是一则游离的信息，

没有坐标，在互联网的空间中到处闯荡。

# 1

一个空无一物的房间中，如果在中间放置一张桌子，“空间”便被定义了。我们会自然地根据这张桌子选择自己所在的位置。彼此相看顺眼的人，大概率会选择相邻而坐；然而需要细致观察对方的时候，我们会选择坐在他的对面。桌子成了我们观察他人、安置自己的媒介。

媒介是什么？是我们理解世界的中介之物。

克洛德·列维－斯特劳斯在《神话学：生食和熟食》（*The Raw and the Cooked*）一书中，视火为人类文化的精髓。在所有地球生物中，只有人类具备用火能力，而且更令人瞩目的是，分布在地球各处的人类都具备“用火能力”。人类借助“火”这一媒介，可以吓退猛兽、毁灭树木和房屋，也可以烹饪食物，还可以利用火焰摧毁的草木所生成的灰烬作为滋润农作物的肥料。火可以把“存有”化为“虚无”，也可以从虚无中创造新事物。媒介不仅拥有强力，而且影响深远。火，这一媒介，坚定了人类改造大自然的信念。于是，从火到炸药，到核武器与核能发电，我们找到了一脉相承的血统。

同样，人与人之间的信息交流最常用到的媒介——语言，更是在很大程度上框定着我们的思维，塑造着我们的表达。

著名的“萨丕尔－沃尔夫假说”认为河比人的语法影响着他们认识世界的方式。大多数人认为，语言的诞生来自对世界的认知，然而在“萨丕尔－沃尔夫假说”中，语言和思维框架的因果关系反转了。

在河比语中，并不存在名词和动词的划分，而是根据事物持续时间的长短进行分类。例如，闪电、流星等现象由于持续时间的短暂便成为他们的“动词”，而云和暴雨因其延时略长一些便进入“名词”的序列。语言的学习，影响着他们对时间和运动的感知频率。

此外，“萨丕尔－沃尔夫假说”也认为，人们的词汇量实际上反映着人们对客观世界划分的认知粒度。在河比语里，飞机、蜻蜓、飞行员都被用同一个词语来概括；而在爱斯基摩语中，飘舞的雪、落地的雪、半融的雪、板结的雪，每一种雪都有一个专属的名称。

语言不仅仅局限于日常的文字，从广义来说，音乐语言、视听语言和数学语言都是**语言**。习惯用音乐表达的人，他们的生活中总是能轻易识别音高和节拍；习惯用摄影表达的人，观察世界总带着明暗关系和色彩差异，他们总能下意识地感知到屋内和屋外的光比差异。

媒介是我们理解和掌握外部世界的中介之物，也是我们表达内心世界的必经之路。正如恩斯特·卡西尔在《人论》中所讲，“随着人们抽象性活动的进展，物质现实似乎在成比例地缩小。人们没有直面周遭的事物，而是不断地和自己对话。他们把自己完全包裹在语言形式、艺术形象、神话象征或宗教仪式之中，以至于不借助人工媒介，他们就无法看见或者了解任何东西”。

据统计，截至 2022 年 3 月，14 亿中国人中使用短视频的活跃用户规模已经达 9.25 亿人，每日人均使用时长达 1 小时以上。我们不难发现，长期观看和使用短视频，必定会不断重塑人们的思维方式和表达方式。

我们要讨论短视频是什么，就必须把短视频当作一个独立的媒介看待。

## 2

人类交流的第一阶段，是口语交流的双方肉身在场，谈论那个不在场的事物。

我们用特定的图案、声音描述那个缺席的事物。我们把一株长着各式各样的枝叶，爬着无数小昆虫、栖息着各式各样鸟儿的高大的植物，挤压成一个字——“树”。同样，一条奔涌着无数水滴，裹挟着泥沙、浮游生物和鱼类的水道，被挤压成一个字——“河”。

人类开始言语的那一刻，就是一种对原初世界的偏离，自然实在的事物，被迫变形，我们把具象化的世界，转移到抽象的文字里。

人类交流的第二阶段，由于书写和印刷的出现，一张写着字、画着图的纸，可以随着丝绸之路，从黄河的出海口漂荡到美索不达米亚平原。交流的双方不必面对面交流，他们可以打破空间和时间的限制实现交流的目的，他们置身在任意空间和任意的时间中，试图去理解遥远的人留下的文字、图案。不在场的人和我们素未谋面，给我们讲述**更遥远**的不在场事物。

当语言被书写固化并且传播之后，便与特定情境的口语化日常交流彻底分道扬镳。口语的交流，有着严格锁定的语境，以单一的时间地点事件展开。

在口语的交流中，不存在对象的不确定。然而，书写下来的文字却可能产生各式各样的配对关系。由此，在亚里士多德的眼里，他甚至把书写视作“**性行为**”，他认为阅读一个文本，就像“进入”和“被进入”的关系。如果此时此刻，我这本书里所写的文字你读出声音来，那便是我对你的思想产生了影响，这种影响是跨越时空的。

> 文字写作有一个坏处在这里，斐德若，在这一点上它很像图画。图画所描写的人物站在你面前，好像是活的，但是等到人们向他们提出问题，他们却板着尊严的面孔，一言不发。写的文章也是如此。你可以相信文字好像有知觉在说话，但是等你想向它们请教，请它们把某句所说的话解释明白一点，它们却只能复述原来的那同一套话。还有一层，一篇文章写出来之后，就一手传一手，传到能懂的人们，也传到不能懂的人们，它自己不知道它的话应该向谁说，和不应该向谁说。如果它遭到误解或虐待，总得要它的作者来援助；它自己一个人却无力辩护自己，也无力保卫自己。
>
> ——《柏拉图文艺对话集》（朱光潜译）

自从人类走上了书写的道路，这种交流的信息传播方式便被一直沿袭下来。绘画、摄影、电影、电视、广播、互联网等，都是这种方向任意的信息发布。

1906 年圣诞节前夜，美国的费森登和亚历山德逊在纽约附近设立了一个广播站，并进行了有史以来第一次广播。广播的内容是两段笑话、一支歌曲和一支小提琴独奏曲。这一广播节目被当时四处分散的持有收音机的人们清晰地收听到。你看，广播就这样闯入持着接收机的人们的生活。我们虽然通过广播获取了一则信息，但并不能得知事物全貌。

如果说广播和电视仍然有一定的空间限制，那么自 2000 年起，第一款 WAP 手机诺基亚 7110 让手机和互联网连在一起之后，一部可以随意携带的移动设备让信息的任意性被进一步放大。在移动端观看，不仅空间是任意的、时间是任意的，连心情和状态也是任意的。电影院、音乐会、戏剧、展览等，在为人们提供信息的同时也提供了一个专属的“场”，人们需要调整到特定状态之后“到场”。但对于这块可随身携带的手机屏幕而言，人们可以在生活中的任何场合观看它。

语境越发不重要，碎片的材料只要被消费或者作为闲暇的谈资，信息似乎就有了它应该有的意义。至于其背后是否有更深远的内涵，似乎一点也不重要。寻找叙事的封闭和叙事闭环下的意义，这似乎是遥远的中世纪的氛围，而非当代的议题。

当信息丢失了真实的身体在场语境，因而也赋予了信息接收者更大的自由，观众成为重新构建语境的中心，信息提供方无法控制观众对信息的接收和处理方式。观众在电影院观看电影时，如同被庞大的巨人压制在座位上不得离开。而现在似乎不一样了，观众完全可以在被窝中、汽车内或者关起门的厕所内这些私人空间，居高临下地处理手机屏幕中出现的一切信息。观众对信息漠不关心的时候，就可以选择轻而易举地离开。与此同时，在抖音、快手、微信视频号、哔哩哔哩以及小红书这样的短视频平台里，观众的喜好和参与度，是一条视频能否拥有更多推荐量的关键，所有创作者都以获取更大的曝光量为目的，因此便需要进一步地迎合观众，于是便进一步助推着这一切。

信息的对象是任意化的，观众观看的时间和空间的任意化，以及前后语境的缺失，并非让信息化为乌有，而是形成信息的“黑洞”，它闯入猝不及防的观众的生活中，形成强烈的吸附力，吸附观众的认知和想法。一切信息都需要人们从自我的认知出发进行填补，任何一条短视频都依赖观众自身对于信息的整合，否则它就没有存在的意义。因此，离散知识点的生存在短视频的世界里得以成为可能，拼凑的事件的传播在短视频的世界里得以成为可能，短视频的每一个观众都可以充分获得自我论证的快感和自我愉悦的骄傲。

这种信息传播的彻底的“不在场”，摆脱了千万年前权威的说教，召唤起更多人内心的自说自话。

第二章

# 短视频<br>是<br>原子化信息的聚合

短视频不是一根连续的线，

而是由一个个碎片的、原子化的信息聚合的线。

# 1

随着联网速度的加快，我们可以在顷刻间从一个超链接跳转到下一个超链接，从一个页面跳转到另一个页面，从一个APP跳到另一个APP中，从一个短视频跳到另一个短视频。网上冲浪从诞生之日起，就意味着浏览是即时的、匆忙的。

网络之间的链接，不存在方向性，点击这个链接和另一个链接，在动作上没有任何区别。

互联网企业鼓励着互联网用户在自己的内部生态里任意跳转，随处可见的按钮让用户随意切换功能和界面，以求用户停留更长的时间。我们若失足于现实世界的洞穴里，洞穴尚且有底部，然而在数字化的生态里，我们的跳转则是无穷的。当一个互联网企业“争夺”了足够多的用户时间，用户时间便成了其资产，可以和其他企业达成交易。他们“盗窃了”用户的时间，互相交换用户的数据。因而，每一个用户从这个生态到另一个生态的跳转也变得越来越容易、越来越平滑，没有丝毫的阻碍。我们跳跃之后所看到的世界差异越大，断裂性也便越强。人们在长期观看了断裂信息之后，便会不再恐惧断裂，如同病人获得了耐药性一般，甚至会如同对药物上瘾般对断裂信息上瘾。

时间不是物质，而是一种理解方式。时间不是名词，而是修饰理解的副词。在微观心理层面，用户被养成了这种跳转的思维惯性，因而，可以说，人们认识世界的时间观被重塑了，人们的时间在链接的随意跳转中呈现为原子化，而非明确的、完整的分子结构。

## 2

对于有封面的视频来说，曝光进入率计算的是每次对这条视频曝光之后有多少人愿意点击封面进入观看；而无封面的视频，例如在抖音这样的 APP 里，则是在上下划动中计算“两秒跳出率”和“五秒完播率”。“两秒跳出率”和“五秒完播率”计算的是每次对这条视频的曝光之后有多少人两秒内滑走以及看完了前五秒。“两秒跳出率”“五秒完播率”和“曝光进入率”本质是一样的。

同理，用户平均停留时长计算的是这条视频有多少人看了多久。互动率在不同平台的具体体现略有不同，点赞、评论、收藏、分享、关注最为常见，像哔哩哔哩还设有投币、弹幕以及充电，在直播间里还有为主播送礼物金额作为指标。

众所周知，一条视频能获得巨大的播放量，必然是因为一些关键性的指标数值比较理想。数字化平台总是以曝光进入率、用户平均停留时长和互动率三个基本指标作为评价标准。我们在观测这些数据的时候，常常看到数字化平台以时间轴作为标准进行衡量。

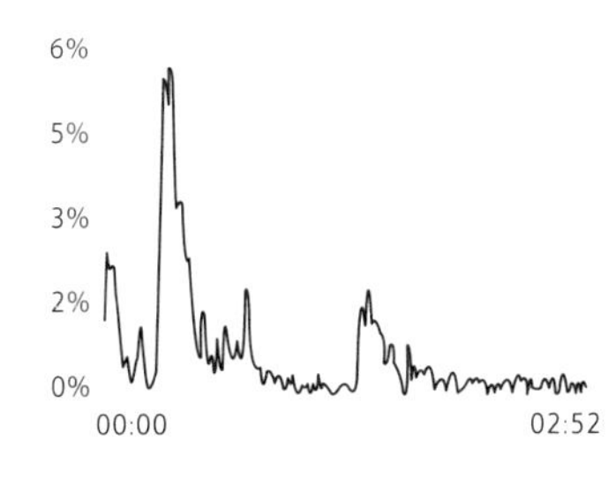


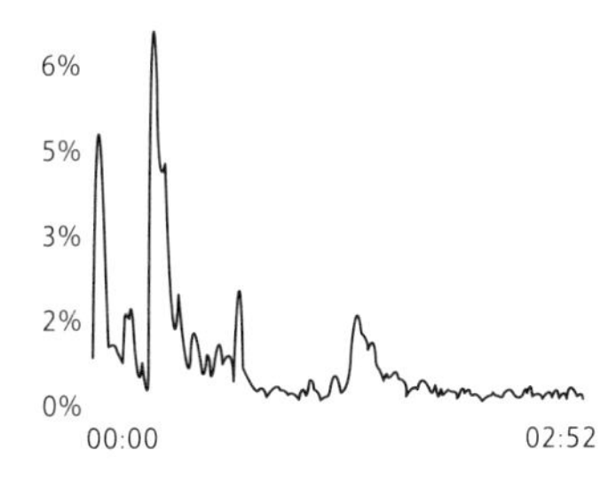

纵轴是影响这条短视频是否拥有更大流量的关键性指标，横轴往往是时间。在抖音 APP 的后台，甚至按照不同的时间粒度提供给创作者不同的曲线图，创作者可以看到每小时的播放趋势和每日的播放趋势，也可以看到每小时的评论量增量和每日的评论量增量。

短视频平台以时间为指标，在不同的“时间粒度”中考察着视频的生命力，逼迫着每一个创作者与时间展开战斗，终日与时间性压力纠缠。

## 3

我们不断跳转在短视频的世界中是为了获得一个又一个有意思的视频，上瘾的根本原因是我们渴望被信息不断喂养。我们愿意持续观看一条视频也可以基于这样的相似的逻辑——我们在一条视频里持续被一个又一个有意思的信息喂养。

熟练的创作者总是把这些信息以很小的时间粒度，高密度地聚合在一条视频里。对时间越敏感的人，时间粒度就越小。就像安排日程表，有的人以半小时为周期安排日程，有的人则是以半天为单位安排日程。如果你使用过番茄工作法，你可能知道一个“番茄”的时间粒度为25分钟。好莱坞电影的节拍表常常以10分钟为一个单位，而短视频则常常以3秒为一个单位。对时间粒度越敏感的人，也许越能体会短视频的节奏。

短视频的短从来都不是总时长的短，而是时间粒度的“短”，单个信息时长的“短”。

为了让学生们充分理解这一点，我常常让他们从“兴趣点枚举”这项作业开始训练。

例如，我们曾经指导拍摄过的一条短视频，只是让出镜的演员罗列了给准备结婚的女孩的13个心得。在那条只有47秒的视频里，讲述13个心得，平均每个心得用时3.6秒。

准备结婚的朋友们一定要看的13条建议：

1. 婚前的单身party没有什么用，只会让你在领证前更加害怕。

2. 请在领证前同居一年以上。

3. 再来一次长达一周的双人旅行。

4. 不要舍不得花钱为家里装一台最好的洗碗机。

5. 别让购买钻戒的开销占据了你整场婚礼的1/3。

6. 不要把对方的爸爸当作自己的亲爸爸那样去要求。

7. 过年给自己爸妈 2000 元，也要给对方的爸妈 2000 元才行。

8. 最好两个人一起在同一家健身房一起办健身卡。

9. 婚纱不要穿租的，买一套属于你自己的。

10. 如果你婚后发现他回家之前需要在车里待一会儿，说明你需要给他一点时间和空间才行。

11. 如果你们都喜欢打游戏，试着把家里装修成网吧一样的开黑环境，那会很棒。

12. 每天亲吻。

13. 每晚一起入睡，不要放任对方独自熬夜。

这些信息没有任何关联性，它们可以互换顺序。而这些没有叙事逻辑关系的信息，却不影响数百万的人对它进行理解，并且超过 19 万人对此点赞。

诚然，这 13 个建议的先后顺序又是被精心设计过的，但它的设计和逻辑无关，只和人们在观看过程中的时间感受有关。我们只考虑观众什么时候觉得无聊，什么时候觉得难懂，什么时候觉得“很爽”“很炸”“很颠覆”，我们让观众在难以理解的刺激和快速获取的认同之间来回切换，如同过山车一般。

这 13 个建议并非最佳的建议，也并非有逻辑性和步骤性的建议，它们仅仅是我们部署的 13 个刺激观众点赞、评论、收藏、关注的发生机制。

这就是一种典型的将兴趣点依次枚举。此外，我还指导学生做出延展，充分理解短视频是如何由这种原子化的信息以很小的时间粒度聚合而成的。例如，在我们制作的另一则总时长为 32 秒的短视频——《独居都有哪些不方便之处》中，列举了 6 个独居的瞬间。在这条视频里，即便抹去了第一次、第二次、第三次这样的事件编号，依旧体现着创作者内在的对短视频时间粒度的感知习惯。

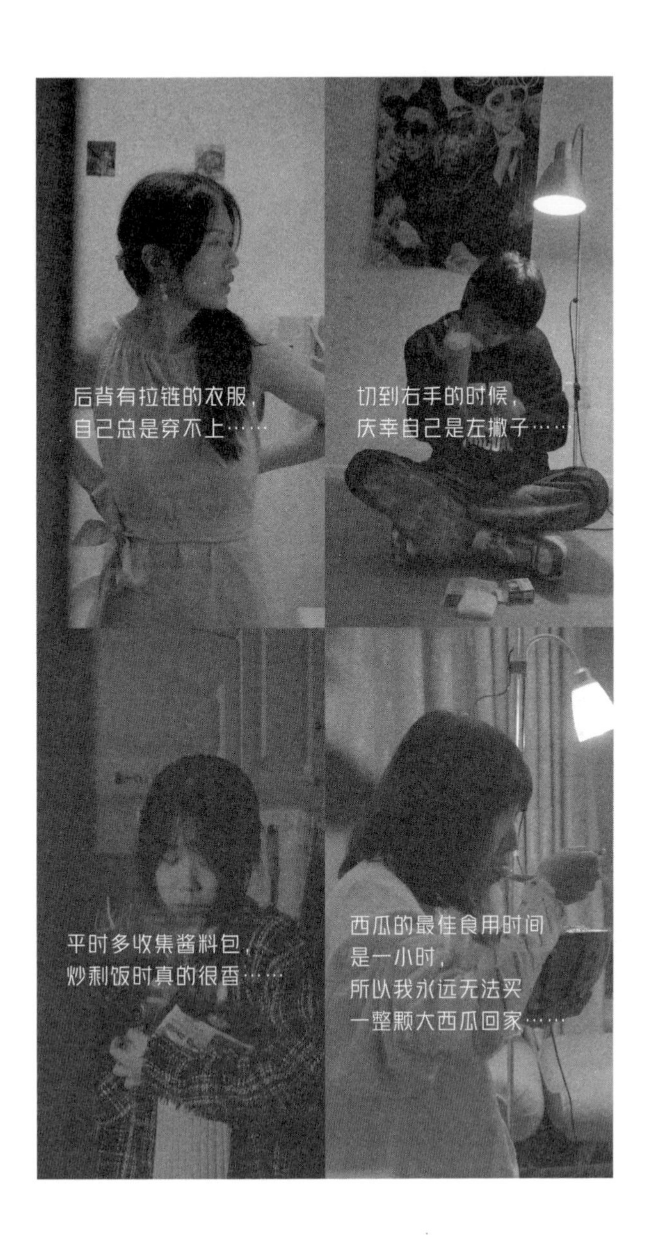
后背有拉链的衣服，
自己总是穿不上……
切到右手的时候，
庆幸自己是左撇子……
平时多收集酱料包，
炒剩饭时真的很香……
西瓜的最佳食用时间
是一小时，
所以我永远无法买
一整颗大西瓜回家……

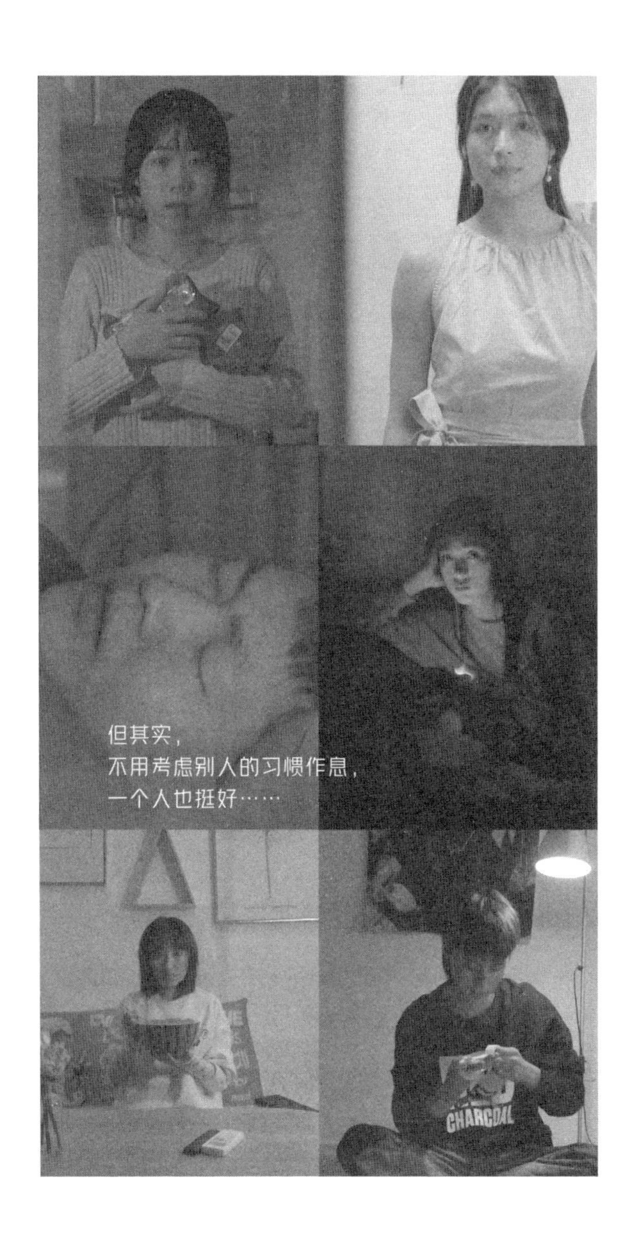
但其实，
不用考虑别人的习惯作息，
一个人也挺好……
CHARCOAL

在信息的严谨性成为观众最不需要关注的趋势之下，时间在短视频中失去了自己的分子结构，呈现出离散的颗粒状，彻底原子化，而非黏糊糊的一团。短视频内的信息的集合是断裂的，是无时序性的。一个短视频只是把信息简易地聚合，便足以满足观众。

图书、电影、电视等传统媒介，都是以因果链条的故事性持续吸引着人们的注意力。在好的经典作品里，任何违背逻辑或突兀的事物都不应该出现。即便有电影导演戈达尔、文学家卡尔维诺等杰出的创作者，他们总是试图突破传统媒介的边界，刻意摧毁作品中的因果逻辑的链条，因此他们的艺术成就也在于对叙事链条的颠覆。然而他们越是这样做，越是让我们知道图书、电影、电视等传统媒介对叙事链条的依赖。然而，在短视频的平台里随意一瞥，便是卡点类的混剪和拼贴，还有千奇百怪的无厘头反转；随意划动屏幕，上一则短视频和下一则短视频常常风格迥异。昔日艺术家们所追求的，已经成为短视频的常态。人们面对这样的断裂，早已司空见惯。

原子化，就是短视频的时间结构的底色。

第三章

# 短视频的纵深

每一个原子化的信息，并非扁平的二维元素，

而是有着厚度和质量的。

看向它们，我看到了时间的纵深。

# 1

母亲着人拿来一块点心，是那种又矮又胖名叫“小玛德莱娜”的点心，看来像是用扇贝壳那样的点心模子做的。那天天色阴沉，而且第二天也不见得会晴朗，我的心情很压抑，无意中舀了一勺茶送到嘴边。起先我已掰了一块“小玛德莱娜”放进茶水准备泡软后食用。带着点心渣的那一勺茶碰到我的上腭，顿时使我浑身一震，我注意到我身上发生了非同小可的变化。一种舒坦的快感传遍全身，我感到超尘脱俗，却不知出自何因。

——《追忆似水年华》（李恒基、徐继曾译）

当你阅读上段文字的时候，面对这些整齐排列的、一个又一个的方块字，你必须看透它们并进行抽象的理解，而后在脑海中构建一个属于你私人拥有的秩序。我们阅读一段文字时，自己具体的形象便被丢失了，能指和所指总是滑动着，每一个字符和心灵中被唤醒的影像并非必然的一对一。这种唤醒是间接的，也是遥远的，更是虚弱的。

阅读文字越多的人，抽象理解文字的能力会越强，这几乎是毋庸置疑的。然而，纵使理解能力再强，你也无法完整确认“点心模子”的模样，也无法完整确认“浑身一震”的幅度。我们看向文字，看到的不过是模糊的影子。但如果我把上段文字拍成视频，让演员实实在在地演绎，观看者的感知便会被锁定。影像与文字的游戏规则截然不同，语言把世界比喻成为“概念”和“意义”，影像把世界展现为具体的物体，让我们面对世界的直接投影。

同样，若我在纸张上书写一行文字：

一匹奔跑在草原上的马。

阅读这行字的每一位读者脑海中所浮现的画面都会不同，然而若我拍成一张照片或者一段视频，便指向了特定的马，特定的姿态，特定的草原，特定的天气。

一切都是给定的，不允许任何形象的丢失。

我一直相信，想要达成信息的完整交流，不仅要关注我们传达的是什么，更要关注我们在传达的过程中丢失了什么，甚至警惕在传达的过程中有何种程度的误解和歧义。这就是为什么很多人的交流总是始于简单的开场白，而后又用大量的篇幅对开篇进行补充和限定。

也就是说，我们关注一种交流的媒介是如何传达信息的时候，也便是在关注交流的媒介是如何让信息丢失的。

文字开放性地呼唤我们的想象。每一个读者在阅读文字时，都会默认自己所读的未必和作者真正想表达的是一致的，即我们默认一定程度的丢失。文字像一个有良心的商家，提醒着人们注意“丢失”的风险。人们在阅读一本书的时候，正如阅读这本书的你，都会默认必须调整状态，否则就会进行无效阅读。面对文字，人们一边提前设防，一边主动且积极地自行构建秩序，主动填充丢失的空白处。

然而，照片和视频则不同，它们并不引起人们防备，人们会“天真”地接受影像提供的一切，“天真”地认为可以随时随地获取影像内部的信息。影像有它的封闭性，拍到了就是拍到了，拍的是这个就一定不是另一个。人们可以“天真”地瞬间认定一段影像中没什么是需要被观看的，因为他们“天真”地相信自己所看的没有丢失任何事物。

## 2

即便画框内的事物拥有无限的确定性，画框所捕捉到的瞬间并不需要人们的主动补充，而是对人们心灵的直接闯入，人们在“**此刻**”和在“**画框内**”不会怀疑自己的捕捉能力，但更为严格地说，照片也并非不丢失任何事物。照片丢失了瞬间的前后，也丢失了画框之外的一切。

和文字相似的地方在于，照片也在一定程度上唤醒着人们的想象。当人们开始试图理解照片的时候，人们会发现，对照片的理解必须依赖于作为连续体的时间。每一张照片，都给定了在场和缺席的关系，总是用已呈现的激发出未呈现的。每一张照片在记录所见的同时，也总是天然地指涉着所未见的事物。它保存和呈现着一个从连续的时间流中攫取的瞬间。每一张照片里，已成过去的表象之下，孕育着“过去”和“未来”。

而视频比照片能唤醒观众更多的“天真”和“骄傲”，连想象那些“未呈现的”积极性都并不需要，观众还未来得及**刻意**理解，下一个瞬间便轰然而至，我们可以舒适地理解着一切。这就是为什么人们学习知识的时候，有些人喜欢看视频教学而非有图片、文字的说明书。

但是，需要警惕的是，在如此清晰完整的视频中，我们知道得越多，反倒是可能误解得越多。

“短视频”并非“短图片”，更非“短文字”，我们默认其内容是对世界直接且完整的还原。真实成了潜台词，人们看短视频如同直接观看这个世界。

在手机中，我们打开抖音 APP。它的入口简单，操作简易，界面简洁，一进入就看到了一段完整的影像，如同我们推开窗户看到外部世界一般轻而易举。我们把手机屏幕拿在手中，懒洋洋地感知，“天真”地认为自己没有遗漏任何信息，我们仿佛在场（仅仅是仿佛，而非真正），随时可以点赞、评论，如同世界被我们把玩在手中。

### 3

摄影用光作为中介，是一种带着快门的自动发生机制。一按快门，一切都被凝固在那一瞬间并体现在照片上，人们无法做出任何的调整和修饰，人的特权消失了，只有纯粹自然的真相。无论绘画多逼真，都无法像摄影一样博取我们的信任，摄影的自动发生机制赋予了其天然的客观性，这种客观性赋予摄影无与伦比的可信度。（当然，现在由于数字技术成熟，摄影丧失了一定的可信度。）摄影不仅是模仿，而且是重现。绘画解释世界，将其翻译成自己的语言；然而摄影却没有自己的语言，它只是单纯还原。一个人学习理解一张照片与学习理解这个世界是一样的。摄影的语言，是直接的“时间的语言”，是因果关系的语言。

20 世纪初的苏联，在期刊和海报上，出现了一种以拼贴形式展现的照片，它被称为“照片蒙太奇”。作者通过对多张照片的拼接，组成新的内涵，讲述新的故事。照片蒙太奇把原本不同连续体中的事物剪辑下来，而后放置在一个不连续的新场景中，迫使人们用新的时间来归因和梳理并理解。照片蒙太奇，是一种介于真实和幻想之间的混杂状态，它的力量建立在摄影天然的真实性之上。

同样，在大卫 · 奥格威的广告中，他构建了一系列照片和文字的组合，这位气宇轩昂的男人，身穿海瑟威衬衫，戴着一只黑色眼罩，并出现在不同的场合中，指挥音乐会、开豪华汽车、参加贵族社交、购买凡·高名画。这些摆拍和虚构出来的广告作品，如同写实的新闻快照，触发了一种奇妙的关联性，也通过“虚构的真实”植入了人们的心智中。他之所以使用照片，而非手绘的漫画，是因为后者失去了这种真实的拉扯感。手绘的漫画，会让观众默认虚构和夸大，也默认其和真实的生活有着一定的距离。

电影之所以对人的心灵有种强烈的影响，也是因为我们在黑暗中臣服，心甘情愿地接受其真实性。电影人深知这种真实性的力量，所以“偷窥视角”和“伪纪录片”等暗示为“绝对真实”的拍摄手法便被催生了出来。

随时拿在手中的短视频，更是模糊了真实和虚构的界限，短视频创作者所虚构出来的作品，常常杂糅在新闻报道和生活随拍中，让人防不胜防。我在从事广告工作期间，更是见多了这种现象。例如，常常有一些教育类的广告制作者，因为忌惮广告法规对虚假宣传的威慑而不敢让演员宣称自己是老师，但却总是通过服装、道具甚至“托眼镜框”的动作来暗示老师的身份。这些被设计出来的场景，也是利用了人们的联想。

人们需要识别，然而更多时候却无力识别，搞得疲惫不堪。我们打开短视频的那一刻，常常是需要放松的一刻，除了从业者，从未有人聚精会神地抱着研究分析的态度打开它。当虚构的影像鳞次栉比，当人们的观看越来越频繁，当人们在短视频 APP 上使用时间越来越长，甚至沉迷其中，久而久之这些便融入人们的潜意识中，虚构就会反转成真实。这就是为什么在短视频中，明知道很多美好的生活只是创作者和你我一样的琐碎日常中的高度浓缩，甚至是虚构的，但我们却在平日里下意识地对自己的生活产生怀疑和不满。

## 4

如果要将观众的感知模型进行分类，我分为历时性的感知和共时性的感知。

在历时性的感知里，我们一个接一个地触碰影像，在影像的缝隙中填充我们的思绪，理解影像所想要提示我们的。在电影的技法中，有一个专门的名词，叫蒙太奇。巴赞对蒙太奇有过一段精彩的总结——

> 至于蒙太奇，众所周知，是源自格里菲斯的那几部杰作。……格里菲斯通过镜头切换，表现了在相距遥远的不同空间里同时发生的两件事情。在阿贝尔 · 冈斯执导的电影

《车轮》(*La Roue*)中，并没有哪个镜头直接反映速度(比如在某个镜头中出现转动的车轮)，而仅仅通过不断拉近的一组镜头就创造了火车不断加速的视觉效果。最后来谈谈爱森斯坦创造的“杂耍式蒙太奇”，它不像其他类型那样容易描述，只是能大致定义为：将某个影像与另一个在同一事件中并无必然联系的影像结合起来，从而加强该影像的含义。比如，在电影《界线》(*The General Line*)中，公牛的镜头之后出现了烟花表演。这是一种极端的蒙太奇手法，即便是其创造者也很少采用。而与其性质非常接近的省略蒙太奇、对比式蒙太奇、隐喻式蒙太奇则用得比较多；比如，H.G.克鲁佐执导的《犯罪河岸》(*Quai des orfevres*)中，扔在床脚椅子上的长筒女袜和溢出来的牛奶。当然，这三种蒙太奇手法可以有多种不同的组合方式。

——《电影是什么？》(李浚帆译)

我们可以看出，蒙太奇是典型的语言上的思维。和文字召唤的想象一样，蒙太奇引起的也是精神的修补，思想和情感总是需要对镜头和镜头之间的缝隙进行衔接。这种修补所需要的想象力常常伴随着恍惚，伴随着不同人在不同状态下的不同程度的游离。同时，历时性上对缝隙进行填补时，不可避免地遗留着新的缝隙。因此，需要修补才可以激发的情感强度，必然是间接的，也极度依赖人们自身的情感敏感度。观者越敏感，共情能力越强，才能得到更高的情感激荡。不仅仅"一千个观众便有一千个哈姆雷特"，一千个观众里也许只有一百人被哈姆雷特打动。若要填补缝隙的历时性感知，渴求的是积极型的观者。不愿意参与思辨型的观者，"杂耍蒙太奇"即便发生，对他们而言也只是眼花缭乱的闪烁。当人们无法积极参与的时候，对事物的修补程度就会变得不尽如人意，此时，无论是单纯的叙事上的会意，还是被激荡而起的情感的强度，都是乏力的。

在这个时间和注意力被疯狂争夺的时代，我们的心灵越来越繁忙，修补的能力也越发稀缺。在生活中，除非重大事件，我们很难高度集中我们的注意力。打开抖音观看短视频，这明显并非我们需要高度集中注意力的事物。加之我之前所讲，视频被任意地传播，随时闯入不合时宜的人的生活里，这种主动修补就更加难以发生。

我们还有第二种感知的方式——不在时间先后中历时性地感知，而是在瞬间将事物并置，激发共时性的感知。

在《公民凯恩》（*Citizen Kane*）中苏珊自杀的著名镜头里，导演并非历时性地在时间轴上先出现苏珊，再出现安眠药的画面，最后单独出现凯恩闯入房间发现一切的画面，而是在刹那间让安眠药、苏珊和凯恩三者共时性地出现在一个画面中。

历时性的感知需要人们主动修补，而共时性的感知则直接闯入人们的心灵。人们无法对近在眼前的事物视而不见，看见了便是看见了。共时性的画面并置，强势地让人们无法拒绝，而非可怜巴巴地渴望观众的幻想。短视频中，这种姿态往往成为必需，也成为一种必然的策略。

在历时性的感知中，空间和时间无处不存在缝隙，时空的完整性和连续性需要人们主动修补；然而在共时性的感知里，时空以一种无穷小的缝隙被构建。我们同时看到苏珊、安眠药和凯恩三者，在空间上，他们的相对位置明晰可见；在时间上，事件持续的时间被一比一地还原了。在共时性的影像中，便构建一个无穷小缝隙的时空。凯恩的所有反应只依赖人物本身，不存在任何创作者后期的二次修饰和改造，观众心灵对此的想象的任意性随着作者的特权消失不见也被清除了，观众也更加“放心”地、“天真”地相信自己捕捉到的一切。在电影《好家伙》（*Goodfellas*）著名的长镜头中，从男主人公亨利将小费递给停车员开始，亨利带着女友穿过在酒吧门口排着长队的衣着华丽的上流人群，从一道暗门进入酒吧，先是穿过锈红暗道，而后拐进青色走廊，再步入白色的后厨，最终绕到酒吧正厅。导演为了外化亨利对自己以黑帮身份走后门的骄傲，对整个镜头没有任何的分切，伴随着人物的走动，我们全程目击完整的空间和时间。这样的完整时空，使得人们毫不费力地感知，免除了不必要的心灵负担，从而有更充沛的精力去参与人物的内心世界，尽情地偷窥人物的每一个瞬间的细微表情。

此外，整个长镜头中，我们除了听到音乐声之外，也听到了整个环境的背景声。这些环境声，是对时空的完整性和连续性的保护。最早的电影是没有背景环境声的，它并非技术上无法加入，而是时空观念上不需要。当影像依赖想象的时候，音乐上的补充只会成为提示主题的工具。背景环境声的运用，是一个巨大的飞跃，这种飞跃不是技术上的，而是一种时空观上的更新。当背景环境声出现，便是在告诉我们，我们看到的是一个连续性的时空，窗外的车水马龙一刻都未曾停歇。环境声的运用，有的时候以协同的方式补充着叙事，有的时候以拮抗的方式形成互文，引发更多的想象。例如，经典电影《教父》（*The Godfather*）中，屋内黑帮正在交易，同时从屋外传来婚礼现场的音乐声。

时空上无穷小的缝隙，使得真实性的密度被增强，我们无须质疑也无法质疑眼前的一切。当想象建立在一定的真实密度之上，才会更有力度。

短视频的创作者为了留住观众，总是在历时性的感知中以尽可能小的时间粒度、高密度地塞进更多的信息。然而，横向上再小的时间粒度，也比不上纵向上瞬间的共时性画面闯入。

在短视频中，常常有一类拥有巨大流量的视频，常常把视频主题的相关要素在视频的开端同时并置在画面中，让观众共时性地感知。例如，画面中同时出现了一把小刀和一个小狗，引发观众的好奇。再如，画面的前景是妻子对镜头讲述出轨的问题，背景中丈夫正坐在后面吃饭。又如，画面中的男子向画面外的朋友“吹嘘”自己的“光荣往事”，而这个男子的旁边坐着他暗恋的女生，这位女生正在笑嘻嘻地看着他的“吹嘘”行为。观众共时性地感知着一切，也调动着自己的“完形心理”参与到故事的叙事中。

我在教学的过程中往往会面对一种情况——学生们为了追求更小的时间粒度，往往容易导致视频晦涩难懂，过于复杂。在这种情况下，过高的信息密度反倒成了无效的信息。当我们在纵深上增添共时性的信息时，人们的主动性和积极性便不被依赖，那些赤裸裸的共时性的信息不管人们是否愿意接受，在顷刻之间直接闯入人们的眼中，冲击人们的心灵。

如果说历时性的观看容易走马观花，那么共时性的感知则让人望眼欲穿，把目光扎进时间的纵深。

## 5

抖音在《2020抖音创作者生态报告》中对外公布，2020年新增1.3亿创作者。其中，曝光量过亿的作者有6.6万人。这是一个全民生产内容的时代，从未有过一个时代能有如此多的普通老百姓随意发出自己的声音，而且这些声音随时有可能被上亿的人听到。这些创作者绝大部分从未系统学习过视频制作能力，他们随手举起手机记录，他们任意剪辑，他们在视频中任意拼贴各种元素——特效、花字、图片、表情包、各种奇怪的声音，等等。

在他们所展现的世界里，没有专业的电影院校的金科玉律，他们的表达是如此自由。我在北京电影学院上学的时候，崇拜导演让－吕克·戈达尔，崇拜导演昆汀·塔伦蒂诺，崇拜他们对规则的冲破以及表达手段的灵活。

然而，现在有成千上万的人同样自由和灵活。他们任意拼贴各式元素，我们在综合性的信息中跳跃感知。我们惊奇地发现，这并未带来理解上的干扰，尤其是从小接受碎片、断裂信息的年轻人。

第四章

# 短视频的时态

时间的原子都在集体向前运动，

永不停歇。

# 1

——列宾《意外归来》

一天，阳光明媚，一双沾着泥泞的鞋子踏在干净明亮的地板上，瘦削的、满脸胡子的革命者走进门，裹着他那破烂陈旧的衣服。他的突然出现，让房间里的所有人都感到吃惊、疑惑。

为他开门的女仆并不认识他，她一只手抓在门把上，似乎准备着随时将这个不速之客轰出家门。

躲在女仆后面的是厨娘，她原本正在忙碌着，此刻却停下了手中的活儿来一探究竟。

画中背对我们，从沙发上站起来的妇人，是这位革命者的母亲。母亲的背影有些佝偻，但她第一个认出儿子，立刻便起身相迎。坐在钢琴前的妻子，她听闻身后的响声而回头，看到离别已久的丈夫，她兴奋喜悦，还来不及站起来，画面便定格在这一瞬间。

妻子手指紧抠着椅子，随时可以用力一压，把自己的身体撑起来。坐在桌子边上，稍大些的男孩探出头来，他认出了革命者，他似乎想要喊出一声“爸爸”。然而旁边的小女孩却露出疑惑的表情，甚至有些许的害怕，她并不认识她的亲生父亲。革命者离家时她还年幼，对她而言，眼前这位憔悴的男人只是一个普通的陌生人。

在列宾的《意外归来》这幅油画里，画家构建了极其丰富的当下。这是画家从生活中切下来的一瞬间，他的刀法精巧、准确。往前一秒，儿子反应幅度也许还没有那么大，嘴巴张开的幅度也未能如画中所示，未能与从未见过父亲并把父亲看作陌生人的小女儿的害怕谨慎的状态形成对比。但是往后一秒，钢琴前的妻子也许已经站直了身子，便会和已经站直身体的年迈的母亲形成同样的姿势。

对画家而言，他没有必要刻画两个身体姿态相似的人物，因为两种情感必须得到区分。

画家刻画的每一个人物的身体姿态都是不平衡的——革命者踮起的左脚，还未踩实地面，母亲前倾的身体，儿子后仰的身体，画家并未选择常见的久别重逢的拥抱、亲吻以及泪流满面，而是抓住这个所有人物姿态不平衡的瞬间。拥抱、亲吻、泪流满面，具有总结性意义，似乎生怕观众愚昧而无法获得主题。而这幅油画里刻画的瞬间指出了时间的流向，人们可以在不平衡中想象前后。总结性的画面，是作者的强势输出，而正在发生的切片，它不能解释任何事情，但却不倦地邀请你去推论和幻想。当下的瞬间，不是单纯的停留，其既是过往的汇聚，又是未来的预兆。人们在观察这样的生活切片时，如同吸气的一瞬，期待着呼气的下一瞬。我们在这样的切片中，找到时间流动中可以被指认和识别的元素，我们用知觉识别，我们把动作重构，形成完整的运动，进而在心灵中唤醒情感。

> “电影家可以把时间凝固在时间的一些痕迹中，而人们可以通过意义来感知这些痕迹。”
>
> ——塔可夫斯基

## 2

在短视频账号“贺大浪的日常”的视频里，我们听到环境嘈杂的声音，伴随着拍摄者笑得前俯后仰的晃动的镜头，还有贺大浪一开始就猛然拍桌的动作，我们在手机的屏幕中，看到了别人的生活切片，看到了一切都正在发生。

在短视频账号“糯米大兔子”的诸多视频里，每次开场都是一次突击，创作者总会在生活忙碌时突然回头的瞬间启动这个故事。就和我在教导学生的过程中一样，总是告诉他们，让演员不要简单地坐在一个地方讲台词，而是要让人物正在行动，在行动中说出自己要说的话。甚至在必要的时刻，可以让人物同时做几件事情，在动作的叠加中完成台词。

在短视频账号“张老九的生活”的视频里，创作者直接切下生活的种种瞬间，没有前因后果，没有时间、地点的介绍，他似乎把观众当作充分了解他全部生活的老朋友，一开场就是情绪的高涨时刻。人们在生活中，情绪总是从平静累积到顶点，而后恢复平静，如此反复循环。而这种忽然之间情绪高涨的时刻，便能让观众体会到生活的不平衡和戏剧性，引诱着观众前来猜测“是什么让你有如此高涨的情绪”。他的视频极为简单，却指出了更深层短视频的时间结构——一个不平衡的生活切片可以构成一个短视频，一个个不平衡的生活切片经过简单的聚合也能构成一条视频。因而，我们看到了在短视频中各式各样的“女友的一天”或者“我社恐的一天”，它们都是不平衡的生活切片的聚合。

这种不平衡，不仅仅是开场，更是反映了整段短视频的时间质地。短视频的创作者们仿佛构建着一种来不及完结的当下，每一个**当下**必须迅速成为**过去**，以便让**新的当下**到来。

人们要生活，就必须同时拥有：记忆、注意以及期望，我们所期望的未来通过所专注的**当下**，进入了所记忆的**过去**。过去不仅仅是遥远的回忆，未来也不仅仅是一种意志的方向，它们都是靠“**当下**”创造出来的，它们在“**当下**”中不断地被创造、再创造。

在匆匆掠过的短视频时空中，静态封闭的作品很难吸引观众走近。而一个个这样的生活切片，则是恰如其分的惊醒，这些不平衡的瞬间总是等着人们恢复平衡，在时间中恢复它们的前后。它们招呼着来者这里有一些事情“正在发生”，告诉观众“我们需要你的解读，需要你的猜测”。观众参与猜测，便容易和创作者情感同频，而情感的同频才有可能产生点赞、投币和关注。

生活中，我们总是渴望高效省时，因而为了快速得到结果而忽略过程，为了整体的性价比而忽略局部的细节。然而，人们生存在像“抖音”这种短视频 APP 中，更多的是为了打发时间的盈余。因而，每一个“当下”的享受比“整体”的理解更为重要，沉浸在“过程”中比知晓一个“结局”和“答案”更为重要。在短视频的世界里，**当下的瞬间**是一切的前提，没有精彩的**“当下”**，人们便会匆匆离开，去低成本地寻找下一个精彩的“当下”。

我在教学中常常以一名短视频创作者曾经制作过的一条爆款视频举例，该视频在开端以第一人称的视角告诉观众对面楼里有两个工人正在忙碌工作，他要上楼拍摄一张照片。整个视频构建了充满悬念的过程，创作者不断强调“不行，这个角度不够好”“工人还在”“快点快点”。直到爬了几层楼梯之后，创作者终于拍下了一张照片。

那张照片，从摄影的美学角度分析只是平庸之作，却因为过程中悬念的叠加，将观众的情绪充分调动起来，竟获得百万点赞，让无数拍出更好作品却在短视频平台中无人问津的摄影师愤愤不平。原因很简单，在短视频的时空里，“过程”远比单纯的“结果”重要。这位创作者由于并未真正掌握让过程精彩的技术，只是单纯认为是拍爬楼梯火的，于是他重新拍摄了一条，流量锐减，播放量是前一条视频的千万分之一。我的另一个学生，由于理解个中精髓，在游乐园中如法炮制拍摄了一条夕阳的视频，同样不断强调“不行，这个角度不够好”“还有机会”“快点快点”，在抖音和快手两个短视频平台中，都拥有了上千万的观看量。

同样，短视频创作者“垫底辣孩”一夜爆火的经典视频中，充分构建了悬念的开头——一个在乡村的“土气”男孩（他刻意为之）宣称要成为国际超模。而后，拍摄了各种细碎的准备过程。视频的点睛之笔是他在中间突然对着镜头坏笑，并在结果呼之欲出之前用围观的老者的画面再次拖延。这些在叙事上的停顿和故意拖延，是对观众的观看欲望的强化，反映了创作者对“过程精彩”的深刻认识。

平台设计推荐算法，想方设法地占据用户的时间，让能吸引用户停留的短视频上热门并获得大量的关注。在这样的生态系统中生存的短视频创作者为了获得更大的流量，在不知不觉中达成“合谋”——先是想办法让观众看完整条视频，然后在一个视频即将完结之时把观众引向评论区，当观众从评论区出来，他便在置顶的评论中将其引导到主页，当观众在主页看到了新的视频合集，进入合集便又进入下一条视频，循环往复，无穷跳转。“最好”的情况就是，这个观众这一天的时间，都用在这个创作者构建的世界里。

## 3

**如果短视频有时态，那一定是现在进行时。**

时间的张力必须保持高涨状态，一个段落彻底完结前应该被提前剪辑掉然后进入下一个段落，意思被解释清楚前就要有新的信息进入，悬念在彻底落地前就应该被转移走或者由新的悬念来接棒，一条视频必须表现为不间断涌现的持续的时间，这就是我们所说的时间性的压力。

随着“当下”不断被分解成过去和未来，便有一种奔涌向前的势能。在奔涌向前的时间进程中，人们的心灵不断被影响，情绪得以不断累积，不断地冲击情绪的阈值。当人们进入高涨的情绪状态时，行动力会被进一步激活，严苛冷漠的标准便会放低，点赞、评论、转发、分享便更有可能。

看短视频的人们从纷扰纠缠的现实世界，躲入自媒体的空间里，这里是一种无方向时空，是散点式的，如同雪崩一样快速散开。短视频里，既没有过去，也没有未来，只有当下。每一个当下，都是时间的尖点，一切都是当下的发生。在一个接一个的正在发生的新鲜信息出现时，观众或惊愕，或惊喜，自我的完整性不知不觉被冲击得七零八落，沦为依照本能甘心点赞和关注的投降者。

# 第五章

# 时间的接口

每一段信息，
都需要能桥接观众的时间之河的接口，
如同基因片段中的启动子[1]。

1　启动子是基因的一个组成部分，就像“开关”一样，决定着基因的活动。

2022 年 10 月 2 日，我在楼下火锅店大快朵颐，突然听闻一声杯子落地的声音。回过头去，隔壁座上，喝到面红耳赤的一对中年老同学正在互相推搡着，他们在抢着买单。说来也奇怪，看着他们，我手中的筷子停在了火锅边上，没有一点征兆地，陷入对十年后的我的想象中。

我会是怎样的？富裕的？贫穷的？拥有妻儿还是孤身一人？我意识到，我是那么迷恋此刻的年轻的生命！以前的我总想着要快点长大、成熟，变成别人眼里的成熟男人，然而此刻，我却是无比恐惧生命奔涌向前的一去不返的势头。

我似乎并不排斥死亡，但我却是如此恐惧衰老。我看着他们慢慢离开火锅店，消失在我的视线里，而后火锅沸腾的汤汁溅到我的手上，烫得我直龇牙，我才得以暂时地逃离那种强烈的悲伤。

我看着他们，我的目光里，接入了他们的**影像**，想象了自已未来的生活。我们总是在生活中的某个瞬间，偶遇了某个影像，而后逼迫自己进入一个记忆和想象的世界，如同普鲁斯特的《追忆似水年华》里不断出现的“玛德莱娜蛋糕”。小说中，“我”一旦辨认出玛德莱娜蛋糕的滋味，整个童年的回忆便产生原子裂变似的效应，带着当年的香味就全都浮现出来了。在这一瞬间，时间被找回来了，属于过去的一段时间已变成属于现在的了。

> 一旦我认出了姑妈给我的在椴花茶里浸过的玛德莱娜的味道，她的房间所在的那幢临街的灰墙旧宅，马上就显现在我眼前……我常去买东西的那些街道，以及晴朗的日子我们常去散步的那些小路……我们的花园和斯万先生的苗圃里的所有花卉，还有维沃纳河里的睡莲，乡间本分的村民和他们的小屋，教堂，整个贡布雷和它周围的景色，一切的一切，形态缤纷，具体而微，大街小巷和花园，全都从我的茶杯里浮现了出来。
>
> ——《追忆似水年华》（李恒基、徐继曾译）

“玛德莱娜蛋糕”，不只是一个有香味可以吃的食物，还是混杂着回忆和想象的影像，这个影像充盈着香气，也闪耀着记忆里那个午后的阳光。就像那对后面消失在我视线里的老同学，他们叫什么名字并不重要，他们关系到底是否要好也与我无关，他们只是引起我思绪变化的影像。

我们都有“玛德莱娜蛋糕”，有各式各样的“玛德莱娜蛋糕”，它给人们提供了“重获时间”的机会。视听的知觉和记忆混合，记忆也任由自己和知觉交会，并且知觉的养分源源不断对此进行滋养。最后，我们无法区分，何为知觉、何为记忆。共时性的物质和历时性的记忆在影像中寻获了交会点。我们眼前所看到的一切，不仅是和心灵彻底划清界限的客体，而且是一种综合的影像，它们不是孤立存在于我们大脑中的图像，还存在于我们和客体构成的整体中。我们所知觉的一切，都是心灵不断涌现的、混合重演的影像。

一条短视频突然闯入我们的知觉系统中，也是如此构成了影像的发生。它仿若打通了某个入口，让我们进入时间的轨道，回到过去或者跳转到未来。

每一个打开短视频 APP 的观众，和专门腾出时间去电影院买好爆米花在挑选好的座位上仰视电影的观众不一样。打开短视频 APP 的他们有可能在通勤的地铁上，有可能边上班边在休息的间隙刷视频，有可能在一个漫长的一层停一次的电梯里被下意识地打开，也可能只是路边等朋友一起去吃饭的 10 分钟里而已，他们原本都在自己的时间轨道之中。

你看，她在路边刷到我们的短视频时，我们短视频的某个元素被快速识别，成为她的“玛德莱娜蛋糕”，唤醒了她心灵中的影像。至此，这条短视频不再像生活中那些被我们熟视无睹的遥远的事物，而是内化成心灵的一部分。

在这个时间蔓延的过程中，她也许会心一笑，也许眼眶不知不觉地红了，也许会安静地为我们点赞、投币。当她从我们为她提供的时间团块里抽身离开，回到自己的世界的时候，男朋友已经来到她的身边，她挽起男友的臂膀，开始美好的约会。

我们每个人都处在自己的时间频段中，偶然的机会，切入他人的时段里，回忆自己的过去，想象自己的未来，做出点赞等行为之后，又回到了自己的时间频段中。

对每一个人来说，时间是自己正在售卖又同时在消遣的商品。正如我们生活中消费的每一个商品，其背后都是他人的工作时间的结晶，我们所消费的每一个文化产品，电影、图书、短视频，都是他人的工作时间所凝结而成的。莱皮埃在一次讲座中谈的话题，也是相似的意思，他说：“现代世界中，空间和时间正在变得越来越昂贵，而艺术不得不把自己变成国际性的工业艺术。如电影，以便购买‘作为人类资本想象凭证’的时间和空间。”

一个个数字媒体平台——抖音、小红书、微信视频号、快手以及哔哩哔哩，它们是分发时间的中转站。不过不同的平台对**时间**的分发处理是不一样的。有的平台由于算法系统的不足，只能给每个人创造的**时间**进行简单的分类——母婴、军事、园艺，等等。这种分类是粗暴的，如同生活中简单地给一个人贴上“金牛座”“90后”的标签一样武断和不负责任。我想，字节跳动这个公司之所以迅速脱颖而出，与它更细腻地对**时间**分发的能力分不开。无数的算法工程师，编写着代码，一边识别一则短视频里的视觉元素、听觉元素，甚至包括抽象的情绪，一边识别着每一个用户此时此刻喜欢的视频，并基于“用户协同”等算法对观看短视频的人们进行测试，对视频和观众进行匹配，挑选特定的创作者所创造的“时间”，在每一个观众适合接入这段“时间”的时候，推送到其面前。基于对短视频内部的细节的深度识别，是对时间的更为深刻的理解，也是对心灵的洞察。

我们每天都在和无数的影像擦肩而过，那些本应该成为我们的“玛德莱娜蛋糕”的事物，却被我们熟视无睹。它们之所以被冷落，并非因为它们缺乏激活我们心灵的潜能，而是未能找到合理的切入点。生活中那些被遗忘的事物和擦肩而过的人，生活在两条并不相交的轨道中。我们要做的，是桥接一个接口。如同收音机必须调到特定的频道，才可以接收信号。

在生活中，我们尚且会基于一些特殊的目的主动打开这个**接口**，例如去搜索我们想要的信息和商品，或是到特定的场合去欣赏我们准备好接受的影像。然而在短视频的世界中，我们从未想着主动打开**接口**，我们并非出于特定的需求去到短视频的世界中。短视频的内容对观众而言，本质上是一种过剩——我本来不需要。创作者强行为观众创造了一个观看的理由，而且这种理由是临时给予的。

写到这里的时候，我迫不及待跑去找我的恋人分享我的情绪，渴望她进入我的情绪时间之河。然而，她正在睡觉。她前一晚熬夜了，在我熟睡的时候去看别人的时间。也许我需要用一种温柔的嗓音把她唤醒，最好再伴随着轻柔的音乐，并用略带深情的嗓音低沉地从吞吞吐吐的“我……”开始。

生活中妄图让别人进入我们的时间需要技巧，短视频的创作也是如此。算法系统未能尽善的今天，我们需要依赖更多打磨**时间**的能力，尤其是时间的**“接口”**。

我在教导学生创作短视频的过程中，不断强调一个概念——“短视频是心灵的战场，而非文字。”

大多数初学者都认为短视频需要好的标题，或者好的文案，这种错误的认知有两个原因：其一是大多数人都是从书写的应试教育中成长起来的，这样的应试教育中强调的，本就是语言思维，而非影像的思维；其二是其他的教学者大多都是文字工作者，他们认识这个世界本就是从文字开始的。这两个原因合力之下，便形成这种强烈的错误认知。

然而，短视频的基本材质并非文字而是影像，即便是一个人讲述的一段话，观众也会同时看到他的肢体状态，会以他的背景、他身上的服装以及他的嗓音作为基底来理解他所说的内容。每一则能够拥有巨大曝光量的视频，必然拥有某些印记，在短视频的开端可以让匆匆浏览的观众迅速判断是否感兴趣。这些印记，可以是一个人说话的腔调，可以是一些特殊的物件，也可以是一个视频所拍摄的空间。对于抖音、微信视频号这样的平台而言，上下划动屏幕时，这些印记出现在视频的前几秒；而对于哔哩哔哩、小红书和西瓜视频这样的平台，需要观众点击封面进入观看的页面，这些印记则是出现在封面中。

在这里，我简单提及几个我在教学中提到的“流量密码”，这些“流量密码”只是一些刺激人们的本能的伎俩。

例如，人们都有“凑热闹”的本能。群体是思想交会之地，更是快乐的聚集源，在群体中更容易感到开心，所以当我们看到街边一群人聚集在一起的时候，就会本能地想探究发生了什么，也想去凑个热闹。

同样，我们看到一条短视频里有很多人同时出现的时候，不自觉地就会被他们吸引。在视觉中，可以将角色以人群的形式呈现。我总和学生们说，**只要在拍摄的时候，画面中人的数量多了，流量就很容易上升。**

此外，“凑热闹”的本能尤其发生在正在发生的事物之中。人们对此时此刻正在发生的事物，会更有热情。在视觉中，可以体现为镜头的运动，以及人们一些正在进行的动作，甚至在同时“忙碌”地做好几个动作。在语言上，“我被妈妈狠狠教育了一顿”，远远不及“今天，我被妈妈狠狠教育了一顿”更吸引人。同样“今天，我被妈妈狠狠教育了一顿”也不及“刚刚，我被妈妈狠狠教育了一顿”吸引人。不断逼近当下便会进一步激发人们“凑热闹”的本能。为什么剧情类的短视频会更吸引人，流量通常会比较大？因为“剧情”就是会让悬念持续处于正在发生的状态。

再如，人们都有“窥探”的本能。我们总需要通过各种形式去了解这个世界，需要与外界保持一种沟通和对话的欲望，而窥探，就是这种欲望驱动下的形式。我们通过窥探对方，消除信息不对称带来的恐慌。通过窥探环境，获知比别人更多的信息，以获取某种优越感。有时候，揭露各种行业内幕的视频，就是在满足人们的窥探欲；有时候，一些自媒体博主通过把自己的缺点暴露给人们，从而获取人们的信任。同样的，视觉中，便延伸为“偷拍”“监控摄像头”的视角。

在数字媒体时代，越能引起精神蔓延的影像，越能获得点赞、评论、转发和关注，越能拥有更大的传播力度。心灵是不可数字化的，但是行为却可以被量化，一切都被统计学计算出来。短视频就像时间的子弹，子弹内部是挤满了作者的火药，它只有打进人们的精神内部才能发挥作用。这些生而为人无法摆脱的本能，便是最强悍的武器。我们总说“生活中不是缺少美，而是缺少发现美的眼睛”，每一个人都在自己的时间里，我们不必指责他人不愿意进入我们的时间，我们要做的是给予他们发现美的眼睛，给予他们观看这片景色的观景点，给予他们理解这个故事的视角，给予他们观察这个世界的入口和通道，充分激发他们心灵的影像。

激发没有积极开放时间接口的人们无法抗拒的本能，这就是“流量密码”的全部解释。

## 第六章

# 短视频
# 是什么

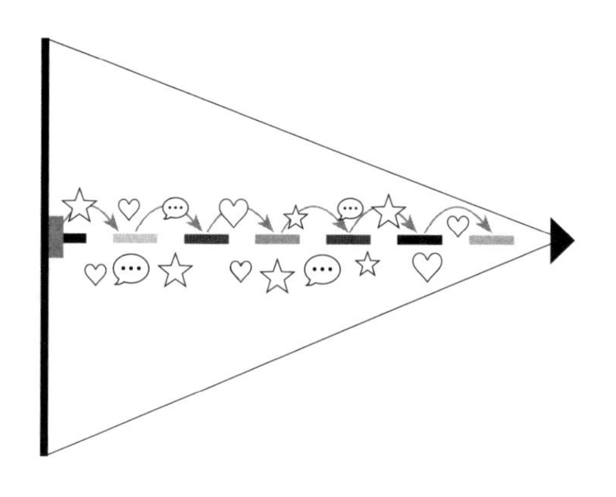

每一则短视频都是我们共同喂养的结果。

# 1

影像的历史，是一部人类和时间漫长的斗争史。

在印尼南苏拉威西岛的史前洞穴壁画里，我们看到了原始“兽人”在4.4万年前用长矛狩猎的场景，这是人类史上最古老的具有叙事意义的绘画。遥远的人类为什么要留下这些印记？他们也许是想为自己留下骄傲的回忆，也许是为了向旁人炫耀自己的成功，又或者仅仅是为了留存捕猎的经验以此教育后代。无论是哪个目的，我想都是为了留存一段记忆，留存一段**“时间”**。

大海遥远的另一边，阿根廷的平图拉斯河（Rio Pinturas）两岸的洞穴中，有成千上万的手印图案，它们被叫作“平图拉斯河手洞”。世界教科文组织根据色素在大自然条件中的褪色质变与量变来综合分析，认为最早的手印出现在大约一万年之前，而后陆陆续续地又有人类留下自己新的手印。这场接力持续了一万年左右，直到一千年前的最后一个人留下自己的手印，这份人类持续接力创作时间最长的“作品”才宣告完成。

后来，21 世纪，香港的“星光大道”也延续了人类对留存印记的欲望。上面那一个个名人的掌纹，是被留下的他们的荣耀，是被凝固的他们辉煌的时间。

你再去看，尼罗河上涂满香料的木乃伊。埃及法老作为帝王和领袖，在他们生命的旺盛阶段，他们征服异族和群民，劳役别人的生的时间。当他们接近自己生命的衰退期，他们对时间的征服欲则转移到了对永恒的宣战上，他们寻找着各种不死的方法。木乃伊身上的香料，便是埃及王炫耀权威的象征，他们天真又忐忑地对抗死亡，欲以获取时间的胜利。保存肉身以企图对抗时间，是地球上诸多远古文明不约而同的执念。如古代中国和古埃及的陵墓里，帝王的墓碑附近，会放上陶制的雕像或者人形的青铜器。这些雕像，被寄托了不朽的奢望，如同王的替身。

这些雕像似乎在说，“万一我的身体终究还是消逝了，还有雕像能代替我**活着**”。有的陵墓里，不仅有活人陪葬，也有仆人和护卫的雕像。比起鲜活的肉体，似乎这些古代的领袖也知道，这些雕像比肉身更能对抗时间。这些雕像，每一个都栩栩如生。我总是带着不寒而栗的想法去揣测——这些栩栩如生的雕像并不是凭空塑造的，而是对确定的当时的某个活生生的人实施的一比一还原，当雕像完成之日，便是生者生命结束之时，他们的生命被灌注成一个雕像以期许长久延续。如此看来，雕塑的起源，也滋生于人们对时间的贪欲中。

人们对时间的保存，亘古不变。

人们对时间的保存，近乎偏执，也是推动着所有影像缔造者留存影像的力比多。

公元前500年，孔子于川上说："逝者如斯夫！不舍昼夜。"

公元前450年，希腊雕塑家将一个掷铁饼者掷出铁饼的那一刹那凝固下来。他肌肉偾张，躯体向下向右拧转，左手接在右膝，右手握着铁饼向后宕出，上半身仿佛一张被拉开的弓，而重心则稳稳落在弯曲的右腿上。千年前的雕塑家没有现在的科学技术，他渴望还原整个时间过程，但他也并非束手无策，整座雕像仿佛在铁饼摆回到最高点、即将抛出的一刹那冻结了时间，通过静止唤醒了我们对这一瞬间的前后的想象。

17世纪，画家卡拉瓦乔呈现了头戴玫瑰花的男孩被隐藏在桌上水果阴影下的蜥蜴咬到的那个瞬间，惊讶又疼痛，甜美且苦楚。

同样，在《以马忤斯的晚餐》中，耶稣身着鲜艳的红袍，向画面外的观者伸出手，桌子边缘上的水果摇摇欲坠，果肉已熟透，甚至长出菌斑，生命正在酝酿爆发的契机。信徒一个张开双臂，一个吃惊地将椅子往后推，光线从左上方倾泻而下，时间在顷刻间爆炸。

**黑格尔说，人是时间性的动物。**

**海德格尔说，人是时间性的存在。**

长达数千年的时间里，画家们研究着骨骼的纹理，探索着透视的关系，想尽办法地捕捉时间的真身。

——席里柯《梅杜萨之筏》

——路易·大卫《马拉之死》

——戈雅《1808 年 5 月 3 日的枪杀》

——当代艺术家大卫·霍克尼的水花系列

19 世纪，摄影诞生，又是一次人类对时间征服之路上的巨大前进。摄影不仅让我们捕捉时间，更给了所有人以各个维度观看时间的可能性。

摄影，是我们用“咔嚓”一下的方式，捕获眼前的一整段时间装进一张照片里。

有的时候是 1/10S

有的时候是 1/100S

世界上的每一样事物，都处在不同的时间维度中。我们选择了某个快门速度，就选择了某个速率的世界。

有的人把人生理解为由一个个刹那组成的集合，有的人则理解为一段漫长的长曝光。一端，我们把时间逼到角落，对最小的时间粒度发起了冲锋，我们超越了人类天生的视觉生理限制和思维限制，看到时间的真身。而另一端，我们开始了对一整段时间的凝固。

哈罗德·埃杰顿（Harold Edgerton）发明了频闪拍摄技术，他利用这一技术，将时间的秒针停止在任意他想暂停的那一瞬间。在他的镜头下，他用百万分之一秒的速度，捕捉子弹穿透苹果的瞬间、一滴牛奶滴落在地上溅开的刹那。

爱德华·韦斯顿（Edward Weston）通过 4 个小时的曝光，把 4 个小时塞进青椒中。在他的《青椒·第 30 号》中，他让青椒这个寻常的事物在胶片上展现了不一样的质感和形态影像，像人体，又像攥紧的拳头。时间，让平凡的事物裸露出不为人知的特殊形象，有了一种诗意的秉性。

杉本博司在拍摄《海景》系列时，把相机放在海边，通过漫长的曝光，把一整天水汽弥漫的过程拍摄进去。他说：“我拍摄的是物的历史。在《海景》系列里，我要处理的对象是水和大气。这两样可说是迄今为止对人而言变化最少的东西吧。其他世间万物都随岁月的流逝而变化。我的艺术的主题是时间。”

是的，人类已经在征服时间的道路上得到了太多，但是还不够！

乘坐氢气球拍下世界第一张空中摄影照片的费利克斯·纳达尔说：“我梦寐以求的，就是看到用照相术记录下演说家的举止和面部表情的变化，同时，用留声机录下她的言谈。”

是啊……

**时间是立体的，不仅仅是视觉的，还有听觉的。**

**时间是连续的，不仅仅是瞬间的，还有瞬间的前后。**

**所以继续吧，人们对时间的征服欲。**

人的眼睛有一种名叫“视觉暂留”的生理本能——眼睛只要捕捉到某个事物，即便它消失了，视像依旧会在视网膜上滞留 0.4 秒左右。电影人把一张张的静态胶片以每秒 24 帧画面匀速转动时，我们便会因为“视觉暂留”的生理本能，看到了完整的连续的动态影像。没多久，加上录音功能的发展，有声电影也出现了。

人类第一次把完整的时间重现了。电影将人类生动鲜活的形象和生存状态永久记录下来，从某种意义上说，人类对抗时间和空间的渴望，在电影的影像中得以实现。伟大的导演让-吕克·戈达尔说：“摄影是真理，而电影是每秒 24 格的真理。但是，现在不仅仅是 24 格，iPhone 手机可以随意到达 60 帧，李安的电影可以追求 240 帧。”

如果说照片是把时间冻结在一个瞬间，那么拍摄一段视频，就是把真实世界的时间重新组装使其演变成为另一段时间。

有的时候，可以把时间压缩，把几分钟、几小时甚至几天的过程压缩在很短的一段时间里，使物体或者景物本来缓慢的变化过程迅速得以呈现，我们在几秒钟表现出一朵花从破土到开放的过程，在十几秒内看到日出到日落的云彩变幻。而有的时候，我们看到了时间的拉伸，我们在 10 秒钟观看一刹那，仔细端详时间的纹理。

有的时候，我们看到了共时性的时间对比。

在《重庆森林》里，梁朝伟饰演的警察 633 在奶茶店点了一杯咖啡，站在柜台外安静地喝着，王菲饰演的阿菲则站在柜台里，趴在台面上看着他。这时镜头拉远，用抽振效果展现着来来往往的人影，而两位主人公则是生存在缓慢的心理时间中，我们在这样的时间对比中，看到每个人都生存在自己的时间轨道中。

有的时候，我们看到了历时性的时间对比。

在《斯巴达300勇士》里，在表现人类史上最残酷的战争之一——公元前480年的温泉关血战时，我们看到不均匀的速度变化。在时间的拉伸中，我们细微观察斯巴达勇士有力的肌肉线条和面部坚毅的表情，还有飞溅的鲜血；又在时间的压缩中，看到迅猛凌厉的战斗动作。时间的缔造者在压缩和拉伸之间来回切换，就这样自由地玩弄着时间，宣告着我们对时间的任意解构能力。这种手法，也随着手机剪辑软件，走入了千家万户。

有的时候，我们让时间走向停顿，截停奔涌向前的时间之河。

在电影《黑客帝国》（*The Matrix*）中看到男主角Neo身体后仰躲子弹的慢动作镜头，“子弹时间”也因此得名。子弹时间是在极端的时间变化或不变化中进行空间位移，以时间和空间的不对称造成一种超现实的视觉特效，宛如神灵般，我们从四面八方观看着一瞬间。

拍摄于1946年的《生活多美好》（*It's a Wonderful Life*）在电影史上第一次把一个定格镜头作为讲故事的技巧。在故事中，主角乔治·贝利在圣诞夜自杀了，但由于他是个人见人爱的好人，整个镇子里的人都为他祈祷，以至于上帝派了一个天使来拯救主角。从天使的眼中，我们看到了主角乔治·贝利的一生。时间匆匆掠过乔治的童年，当成年的乔治出现在镜头中时，镜头突然定格了，与此同时，传来旁白，那是上帝和天使的对话：

> 天使问：“您怎么停下来了？”
>
> 上帝回答说：“我希望你能好好看看这张脸。”

画面的定格突然间让人们跳出原有的故事情节，跳出时间之河，俯视众生。

在电影《好家伙》（*Goodfellas*）中，故事在美国黑帮名人亨利·希尔的自述中推进，在他放火烧车，车辆爆炸的一幕中画面定格，这是他人生的一个关键的节点。

在电影《四百击》（*Les Quatre Cents Coups*）的片尾，13 岁的少年安托万从少年管教所里钻了出去，逃走了。警笛响了，看守在追踪。安托万不停地跑，跑过农舍，穿过田野，经过灌木丛边的房子，从一个坡上滑下来，看到了大海。当少年正要跨进大海时，他忽然回过头来，凝视着人们，画面形象随即放大，形成模糊一片。在这个定格中，我们回忆了他的过去，带着对他过去的总结，对他的未来产生了担忧。

定格照片啊定格照片……

就这样，我们似乎又绕回了照片……

再看看尼古拉斯·尼克松（Nicholas Nixon）拍摄的同样的四姐妹吧。

他每一年拍摄一张，连续拍摄了42年，年复一年，不可逆转的衰老。另一个艺术家卡恩，把这些照片做了影印叠加处理……

久久凝视，四姐妹似乎变成了石雕，被时间石化，成为时间的灰烬，一如那个躺在法老石棺边上的雕塑，那个涂满香料、渴望不死、对抗时间的法老。

## 2

短视频的母系源头，从雕像和绘画，到照片，再到视频，母亲赋予了短视频对世界的刻画能力、完整捕捉时间的能力。然而，它并未固守在昔日的村落，而是跟随着父亲走向他方。

短视频的父亲带着它跨越时间和空间的限制，任意流浪，从印刷术的年代，到广播的年代，到电影电视的年代，再到如今的移动互联网时代。

所以，短视频是什么？

短视频是活跃在任意空间且丢失语境的真实碎片，它提供让人们信以为真的世界，目的在于引起观众的反应，做出点赞的行为。如果说一幅绘画、一段音乐，作者自说自话，尚且能逼迫人们来参与，那么短视频则没有这样的机会。短视频从来不是一种创作者单向的言说行为，也不是一个叙事行为，它没有固定的语境，它发生在人们的任意空间中，偶遇观众的任意状态，不存在人们渴望的那种交流，它是一个心智的材料，引起的是创作者和观看者对一个世界的共同构建。短视频依赖于创作者和观众的“共谋”，每一条短视频的创作者都与观众共同构建了“精神装置”。

我曾经认为，我们终其一生都在理解世界，都在努力和这个世界产生交流。然而交流上的困难，似乎是人类永恒的问题，弗洛伊德强调我们与内心真正的自我无法交流，女性主义者则围绕着性别之间的交流鸿沟。同样，人类历史中充斥着大量的艺术作品都在考察交流的失败——《等待戈多》、残酷戏剧、伯格曼、《再见语言》……

但是交流也许并不应该只是一种透明的识破，不应该只是企图对交流双方的透彻理解；交流也许还有另一种形态，那就是交流的双方对彼此的意义不深究，而是共创新的意义，那是交流者们共同构建的一个意义新世界。

短视频创作者提供的是一个个短视频，它们是一个个刺激物，影响着人们，让人们在心中重构影像，并让人们付诸点赞、评论等互动行为，进而推动视频登上热门榜单。评论区就这样聚集一个又一个的个体。这一条条视频的生命，是被所有人共同养育的。

每一则短视频被创作出来的时候，都有创作者最为渴望的精准的目标观众，这些观众是创作者所期待的点赞者、评论者乃至付费者。然而，每条视频开端都蕴含着各种印记，刺激着不同的观众进入观看的状态，过程中的信息刺激着不同的观众做出互动行为。

随着每一个观众不同程度的观看以及不同程度的互动行为，这条视频会实时地根据这些观看数据调整推送的人群。正是因为这样的底层特性，所以我给学生们讲解短视频创作技巧的时候，告诉他们如何让视频能得到更大范围的传播，并且同时能筛选精准用户，保护视频的即时推送准确。我给学生们绘制了以下这张图。

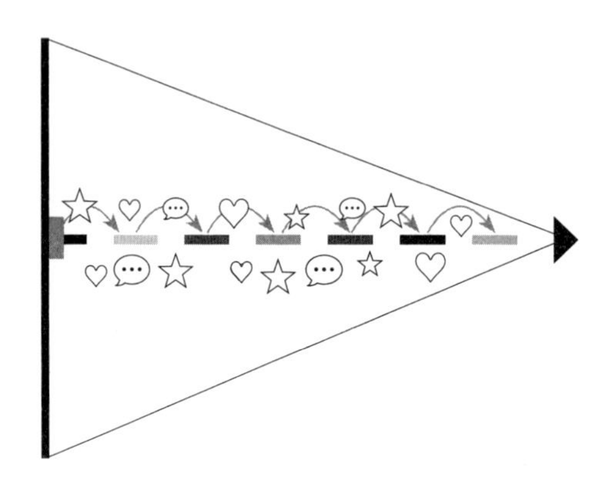

这张图告诉学生们，在短视频开端通过不同印记的处理可以吸引不同的观众，其中最为关键的印记将作为锁定精准用户的入口。这些关键的人群印记，帮助这条短视频在茫茫的公域流量池里寻找自己的精准用户。如同在茫茫的沙地中寻找铁钉，人群印记就是吸铁石。我告诉学生，随着短视频的推进，短视频保持着时间的张力，非目标用户也许会中途离开，但精准用户必然会看到最后并刺激他们做出点赞、评论等互动，进而告诉短视频的算法机制什么人会喜欢这条视频，不断“逼迫”视频被推送到我们期待的人们面前。

在观众任意跳转的数字空间中，短视频出现在观众的任意空间中，与观众的任意状态邂逅。人们在哪儿观看一条短视频并不重要，人们的空间任意化和虚无化，人们所处的空间彻底退场，让观看过程中的时间体验成为唯一。每一个观众对时间的不同感受，都会影响他何时离开，是否看完，是否做出点赞、评论，做出携带什么能被算法平台识别的关键词的评论等互动行为。一切的观看数据以及互动行为都会被算法平台记录和识别，都会成为刻在短视频生命中的基因信息，这些基因信息进而实时地改变着短视频的生命进程。

时间内在于短视频之中，成为构建短视频秩序的元素，一如所有影像正在做的事情。短视频的时间也流动在视频和心灵之间，必须在人们的心灵中唤醒对时间的想象。否则，一条视频就只会和每日被我们匆匆掠过的无数事物一样，不会引起任何波澜，更别谈得到点赞、评论这类数据。短视频的生命并非只来自创作者，它必须由创作者和观众共同“抚养”才拥有生命力。自说自话，无法引起观众反应的短视频，都会是一场“流产”。

古典绘画有自己的时间结构，印象派绘画构建了新的时间结构，立体主义更是如此；摄影有自己的时间结构；电影也在不断雕刻着时间的体验。不同的媒介有不同的时间结构，短视频也同样拥有独特的时间结构。电影导演塔可夫斯基曾经认为电影是一门雕刻时间的艺术，然而，短视频更是如此鲜明地成为时间的团块。电影的时间由导演雕刻，而短视频的时间则由创作者和观众共同雕刻。

因此，与其问什么是短视频，不如问什么是短视频的时间语法；与其问如何创作短视频，不如先知悉如何使用时间这门语言来和观众的心灵产生交流。而这，也是接下来的章节要展开讲的。

蓦然回首，这段人类漫长的交流史，古老的肉体在场的交流，与我们已经相距甚远。近几年，移动互联网让我们离自然界更远，离数字化生态更近。确定性和封闭性正在远离，而碎片化、任意性正在成为主流。

# 第二部分

# 时间的纵深

第七章

# 空间是时间的化石

## 1

每当想起我在 2018 年所居住的 Loft 里（带阁楼的公寓），低矮、逼仄的二层空间，总是唤醒着我对当年的压抑生活的记忆。

有一次，我临时因事出差，驱车赶往机场，周围刚下过雨，湿漉漉的空气瞬间起了大雾。行驶在迷雾中，我突然意识到这是一年里第 26 次踏上出差的航班。

我从来都不喜欢开着顶灯，不喜欢把房间照得明亮通透，而是用各种小台灯和落地灯打造自己周围的空间，在一片黑暗中用一簇小小的暖黄色的光包裹自己，如同遥远的祖先在黑暗的森林中燃起的一把篝火。这是基因里对温暖感与安全感的需求。

我们总是以为自己能对珍惜的东西拥有不灭的记忆，以为自己能够把握时间、能在时间中认识自己。然而随着时间的一往无前，到最后却发现，我们能截取的只是时间的一系列定格。

我相信，人与人之间对空间的感受大抵是相似的。人们总是高估语言，总是将过多注意力集中在故事情节和文案中，急着表达自己的观点和想法。然而，一段视频中的空间，是观众无法摆脱的感知起点。

当我们想倾诉自己的心声，像与朋友对话一样与观者进行一场安静的交流时，或许不必我们开口告诉他们“嘿，我想与你们对话”，而是把这一切交给空间来表达——柔软的沙发、暖色调的落地灯，穿上与这个柔软的环境十分搭配的纯棉睡衣，怀里再抱着一个松软的抱枕，就像大学时代我们最爱的睡前聊天一样。

当我们想拍一些传达专业知识的短视频时，人物背后最好有一组偌大的书架，上面摆满人类的精神食粮，若想让氛围更浪漫洒脱一些，不那么古板严肃，也许此刻的地毯上、桌角上也七零八落地摊着看到一半的书，视频中的人物还可以赤脚坐在毛毯上，地上再摆上一个忽明忽暗的小油灯。

## 2

空间并非简单的环境，而是一个集合的概念。

**每一个空间都有人们共识下的基本内涵。**凌乱的桌面，满地的纸张、图稿，在一整面墙的书架包围中，抬起头来的大概率是一个天才画家；而色彩明艳、富有异国情调的房间里则会走出来一个妩媚的少妇；而一个一丝不苟的工程师的房间应该是整洁的，并带着一点点洁癖……尽管有的时候，这与实际情况可能大相径庭，但这符合了大多数人对空间中的人物的想象。有时，一些短视频的创作者利用了这样的惯性想象，在视频中构建反差，我们进而看到生活的陌生感，就如同“蒋明周”在本应该全是工人工作的工地中大唱动人的粤语情歌，就如同“糯米大兔子”在日常的居家环境中滔滔不绝讲起诗一般的语言。

**每一个空间都有其高度。**在电影《傀儡人生》（*Being John Malkovich*）中，在低矮的办公环境里，主人公必须一直弯着腰工作、谈话、整理文件，他的一切行动都需要躬身完成。空间逼迫着身体的改变，传递着主人公弓着身子时的疲累和难受。古代帝王的宫殿，一定要建造在高地之上，这样才能更展现权威。教堂尖形的拱门、高耸的尖塔，还有透过彩色玻璃投下来的五光十色的光线，即便不识字的信徒也能感受到崇高。当你置身于安藤忠雄的光之教堂中，神圣和清澈的感觉，必定会从你的心底涌起。

**每一个空间都有自己的“宽窄”。**电影《花样年华》中狭窄的走廊与长楼梯，就是一种对窄空间的利用。在逼仄的空间里，男、女主角迎面相遇时，不得不擦身穿过，情欲和暧昧就这样滋生了。

**每一个空间都有其边界，于是便有开阔和堵塞的区别。背景是一堵密不透风的墙还是开阔的视野，往往会影响观看者的心情。**有些视频的主题是拍摄一个人的自弹自唱，即便镜头里的人物实际所处的空间是一个不足 10 平方米的房间。如果背景选择房间里那面有窗户的墙，而非一面封闭的白墙，空间中便有了透气的出口。

**在空间中，陈设的材质也改变着空间的状态。**室内设计师把每一个人的住宅，视作主人承接梦想的地方。每一种空间的风格，都对应一种生活的理念，每一个空间都是一个世界。神秘又自由的波西米亚风，是鲜艳的手工装饰和粗犷厚重的面料；表达人生无常的日本侘寂风，是空荡的空间和素色的桌椅，还有画龙点睛的枯枝……

**有的空间中，会弥漫着一些特殊介质。**王家卫电影中的诗意，常常来自这些飘荡的特殊介质。《花样年华》中男主角坐在书桌前写作，他手中点燃的香烟不断冒出缕缕的烟雾。《东邪西毒》里，角色桃花在闪烁的波光中。在“梅尼耶”的短视频中，总是在变装之后伴随弥漫的介质——飘落的树叶、溅起的水花，还有满天的火星。

**当人们在空间中行动，常常会围绕一个支点展开。**一群人可以围绕着酒桌上的骰子盅展开故事，一对恋人可以围绕一部手机的争夺展开争吵。电影《德州巴黎》(*Paris*，*Texas*)的著名段落中，镜子是两个空间交互的支点，也是男女主人公之间情感的碰撞支点。

人们从出生开始，就在跟各种空间打交道——刚出生的婴儿躺在产房里，第一次来到自己家住在父母买的婴儿床里，再到长大后拥有自己的房间。我们成长的每一步都与空间相连，而空间也保存着我们生活中的所有记忆与情绪。人与人对空间的感知大体相似，我们便有了共同的语法，空间便成为一门语言。

空间，并非我们填充物体的容器。

空间，也是我们情感的居所。

在空间中有我们和时间这场战役，所遗留下来的美丽化石。

## 第八章

# 在面孔与肢体中<br>看到<br>时间的痕迹

**世界上有两种面孔：一种是交流前的面孔，一种是交流后的面孔。**

每个人在开口之前，如同肖像馆里一件静默的收藏品，这就是**交流**前的面孔。如果一个人经历了某些事情后，或咆哮，或大笑，或痛哭，当他的情绪达到顶点后戛然而止进入沉默，这就是交流后的面孔，我们看到了故事和过剩的情绪。

交流前的面孔，面孔就是一个静态的反射单位，如同人类学的档案，我们会产生惊讶、欣赏等情绪。一张姣好的面容冲我们灿烂一笑，我们会倾倒在其面孔之下。而交流后的面孔，带着故事性，构建着张力系统，它让情感从一种质过渡到另一种。

在我自己的短视频《当我开始真正地爱自己》中，我的面孔憔悴且失去血色，长发飘飘，那是我当时的脸庞状态，也映射了我的过去。然而，当我掷地有声且满是陶醉地念起卓别林的一首短诗《当我开始真正地爱自己》的时候，打动了33.7万人，并让他们点了赞。他们参与了我的故事。

我记得，有一个抖音网名为“艺术家Gogo”的女孩，她的面孔被烫伤，然而她充满热情地告诉人们“不要看我现在这个样子哦，未来，我一定会是出类拔萃的姑娘”。我们也参与了她的故事。

张老九是一个外卖小哥，我们看到他的面孔，便知道他是一个每天在室外风吹日晒的工作者，然而笑容依旧在他脸上绽放着。他日复一日给我们讲述着每一天送外卖的平凡的小趣事。我们就这样参与了他的人生。

**我们凝视的，不是一个个抽象的皮囊，而是一个个带着生活印记的人。**

我曾在观看摄影师古屋诚一为妻子克里斯汀娜拍摄的面孔后而动情哭泣，他的妻子癌症去世之后，妻子以前的照片漂浮在显影盘的液体中，就像与身体脱离的一张浮在水面上的面具。那一张面孔，拥有纯粹的动人心魄的力量。当我把摄影集再往前翻，在橙红色的暮光中，我看到了她水肿的双眼。再往前翻，是他们最初的画面。克里斯汀娜的面孔，在时光的流逝中，留下生活的印记。

摄影师唐纳德·韦伯曾经拍摄当时处在审讯室里的罪犯，我们只需要凝视摄影作品中的面孔，便可辨识他们的生活印记。我们可以轻易地认出他镜头下从事性工作的女性，也可以识别出他作品中未满 16 岁的盗窃犯少年。

现在，让我们后退一步，从凝视特写镜头一般的面孔上，转变成保持一定距离的全景观看。此时，我们的视野便由一张面孔变成整体的肢体表达，我们可以从这样的综合呈现中捕捉更多信息。

**同样，当肢体产生于语言前，那便成为“无语言”的交流。**

“李子柒”的身体纤细，让人看起来是柔弱的，然而她却挥动着大的刀具，在大的炒锅前烹饪。

还有一些拍摄农村生活的女性，常常在田野中砍柴，升起炊烟，毫不避讳地展示性感的身材。这不仅仅是一种生理上对异性的吸引，也是一种根植于遥远的母系社会的集体无意识。

有的时候，我总希望学生能善用身体的“在场感”，可以是端起热锅后，手因为怕烫而轻轻捏耳垂；也可以是赤脚轻轻踩在沙石之上，在脚底沾上些许碎沙。这一切都是那么神圣和美丽。

我们总是高估了语言和思想，却低估了身体的神圣和美感。当语言和思想可以任意传播，身体是否真正在场反倒拥有了更为重要的意义。触觉是人类最古老的感官，也许是最难以伪造的感官。身体的在场具备一种极强的传染性，比起语言有更透彻的刺激感。在场的身体，我们可以触碰，身体并不像语言和思想一样可以被复制，身体是唯一可被信任的事物。

**当肢体在语言后出现，就带来了强烈的戏剧性张力。**

要分手的恋人见面时会难分难舍，我们的肢体语言在无声之间便传达自身的关切或者不舍。

上司下达命令只需要一段语音电话，而商人之间的谈判则往往需要见面，因为谈判的博弈要看主客场的空间和肢体的气场。

当我们看到一张咆哮的脸时，他的肢体可能正向前倾斜，逼迫另一方向后退，他的肩膀也许正因激动而急剧震动，他甚至想把这股情绪发泄出去，他会摔门或者砸毁身边的一切事物。

镜头里展现一张哭泣的脸时，他的肢体或许习惯性地蜷缩在角落里，或者躺在被子里，或者站在淋浴间，让泪水随着水流而落。我们会产生想拥抱他、呵护他的念头。

而看到一张准备与好友彻夜长谈的脸时，也许此刻他正抱着一个抱枕盘腿而坐，可能身体倚靠在沙发的角落里，双腿抬起，随意地搭在沙发上。

**肢体不仅对于观众是强力的，对于演员自身也是强力的。**

当我想让演员演绎一种有话憋在心里，很着急说出来但又不能说的状态时，我会让演员先去爬几层楼梯，回来后再举着沉甸甸的托盘，托盘里有装满水的杯子，要求他一边举着托盘一边说台词，但水不能洒出来，通过这种方式诱发演员进入特定的状态。

当我想让演员以一种慵懒的姿态与对手交流时，我会让他盘腿而坐，在开口说话之前先用肢体进行交流。

当我想让演员保持距离适度又拧巴的姿态交流时，我知道这很难拿捏，便会让他背对另一个演员，这时他必须梗着脖子转头说话。

我相信，肢体的状态必然会重构一个人的心理状态。

网络上总是过度把身体和堕落混为一谈，身体总是被套上“沉溺肉欲，纵情声色”的偏见。然而我始终相信，一个人违背自己的面孔，是一种对自身过去的不尊重，热爱自己的身体，则是一种洒脱自如。

这是一个短视频时代，我们每个人都想分享自己的生活。然而，我们总是掉入文字的坑内，喋喋不休，忘记了身体是我们表达的起点。

观众通过凝视面孔和肢体，识别了时间的痕迹。

在这些蛛丝马迹中，我们不可回避地暴露了过去的人生，以及上一个瞬间的呼吸与心跳。

第九章

# 质地、肌理与触觉：此刻在场的感知恢复

# 1

在米开朗基罗的名作《创造亚当》中，他并未按部就班地还原《圣经》中上帝创造亚当的画面，而是别出心裁地聚焦于上帝和亚当指尖相触的一瞬间。当从天而降的上帝伸出手指，让灵魂通过指尖赋予亚当生命的那一瞬，仿佛眼前这个全身肌肉、身材健硕的亚当获取了无限力量，他可以立时摆脱无力的

状态重新站立起来。米开朗基罗把这一伟大且轰动的创世纪瞬间，押注在指尖与指尖的轻轻一碰之间，押注在皮肤和皮肤的轻微摩擦之间，押注在**触觉的传达**之间。

我在制作短视频的时候，为了表现恋人之间的互相挑逗，也有相似的效仿。一对恋人指尖碰指尖，皮肤摩擦皮肤。即便隔着屏幕，这个特写镜头也能将那种轻微痒的触感传递给人们。如果再配合以轻轻的沙沙声，想必感受会更加强烈。如果这个时候我再辅助以语言或文字信息，画外传来呢喃的声音——“我发现我不爱你了”。至此，这个片段由于相悖的语言信息，撕开了裂缝，滋生了故事性和矛盾感。这个片段包含了很多信息，视觉的、听觉的、语言的，更重要的是通过对质地和肌理的关注，试图恢复触觉的感知。

我无比迷恋电影《阿飞正传》里一些暧昧的**触觉镜头**，导演王家卫让“苏丽珍”和“旭仔”在暗淡的光线中，互相蹭着彼此略带汗液的黏腻的脸庞。

我至今都难以忘记，在《春光乍泄》中，“何宝荣”在热辣辣的阳光下把水浇在“黎耀辉”的后背上的清凉感。

电影院、音乐会、戏剧、展览等提供的是“在场”的直观感受。但隔着手机屏幕观看，人们望眼欲穿，却总是不可触达。通过恢复触觉的感知，刺激身体状态的改变，产生生理反应的共振，观众似乎就能有“在场”之感。在恍惚间，人们似乎从各自的生活环境中跳脱出来，进入短视频的时空。

有一个学生，在了解了她的想法之后，我让她在拍摄的时候拿着玻璃质地的酒杯，佩戴了很多金属质地的戒指以及耳环，衣服也选择了反光的面料，这一切都指向了硬气、干练的女强人。然而，我却把她的房间布置得毛茸茸的，里面是毛毯、玩偶、抱枕。这种材质上的强烈对比，使我们看到了内柔外刚的女强人，我们在触感的张力中看到了故事性。

还有一个学生，她并不会任何摄影技巧，语言组织能力也比较弱，她对我说，她只是想通过短视频把家里种的橘子卖出去。我建议她从橘子汁水饱满的特性入手，在视频拍摄中挤压橘子，让丰沛的汁水自然地流出，那种橙黄色的果汁从饱满的果肉中溢出的一瞬间，看的人口中似乎已尝到那种酸甜的甘美味道，直接打通味觉的共鸣。

在抖音账号“张同学”的一条视频中，东北寒冷的深冬，鹅毛大雪从天而落，一间破旧的乡村房屋，房门上为小狗凿开1.5平方分米的小门，炕头上留着吃到一半的黄桃罐头，过冬前劈好的木头整块整块地码在院子的泥土地上。不必有文案的额外补充，一幅东北农户人家的深冬日常，瞬间便把人拉入那个雪白天地的屯子里。

紧接着，“张同学”锯木头时，漫天如黄色雪花一般的木屑飘下。锤子敲打铁钉，一寸一寸地敲进木头里。像融化的巧克力液一样黏稠的棕色油漆，在刷子一遍一遍擦拭中，把视觉里夹杂的触觉瞬时唤醒。他炒菜时，冒出的腾腾热气与屋外飘着的鹅毛大雪形成视觉上的强烈对比，那种冷热交替的感官刺激在屋内刚出锅的午饭被端上桌时到达了顶点。这不就是那种下雨天窝在被子里、大雪天围着火炉吃火锅的日常吗？

我们在抖音中，总是看到各种“沉浸式化妆”“沉浸式护肤”“沉浸式穿搭”的标题。平庸的“沉浸式”风格所体现的是单纯去掉声音，给予听觉上的刺激，而高级的“沉浸式”视频，则是把重点放在对质地和肌理的表达上，放在对触觉的强调上，以对观众感知进行深度的恢复。

## 2

人们在面对物质时，总是附带着诸多观察的表述：透明吗？质地光滑还是粗糙？韧度或硬或软？有弹性吗？光泽度如何？分量轻或重？有附着黏性吗？颗粒度如何？

这些表述，都指向了材料的质地和肌理。

人类并非通过抽象的逻辑来掌握世界，而是首先通过触碰，通过把事物拿在手上的方式来感知。捕捉一个物质的本质是捕捉这个物质“上手”时的状态。在捕捉了这些“上手”状态的影像中，我们仿佛让观众用眼睛和声音，如“在场”时一样触碰它。然而，影像终究是“远距”的，很多时候仅仅捕捉到是不够的。创作者总是需要更多的强化，来保证观众可以“触碰”到我们的视频画面。

**有的时候，我们会让质地和肌理形成强烈的对比。**

画家夏尔丹在他的静物油画中，总是让柔软的事物和坚硬的事物并置。在一个放置着各种金属器皿的石桌上，会简单地搭上一条柔软的绢布，或者放上一条农夫捕捉回来的鱼。这种对触觉的处理手法，延续到了今天的商品广告的拍摄中，于是我们看到了天鹅绒和钻石的对比，看到了鹅毛和香水瓶的对比。

**有的时候，对比不仅是瞬间的，也可以是前后的变化。**

我们总在美食视频中看到刚出炉的比萨带着热气，芝士能拉出长长的丝。我们为了表现牛奶的浓稠，就会拍摄它倾倒于杯中的过程，充分在过程中呈现它的质地。

**有的时候，我们会利用感官上的相似性，让感官迁移。**

在《马背上的戈黛瓦夫人》中，我们看到马背上赤裸的身体和柔软的布料，互相加强着感官。商品广告中拍摄水果，常常很简单地让演员从水中捞出水果，这便是将人们对水的认识迁移到水果上，把“水果多汁”的概念无声地传达到观众的心灵。

**有些时候，我们会通过中介来辅助我们掌握陌生的物质或概念。**

正如以前上物理课时，我们大多都做过这个实验——通过小车的滑行外化动能。在实验中，给小车赋予不同的质量和速度，当小车从斜坡滑下时积攒势能，然后在笔直的木板上势能变成动能带动小车滑出一定距离，距离大小的变化即是动能大小的变化。这便是利用一些媒介来表达抽象的物质或概念。

苹果公司创始人之一的乔布斯为突出 MacBook Air 比任何品牌的笔记本都要轻薄，便从一个信封中拿出这个世界上最薄的 MacBook Air。众所周知，信封是用来装纸的，当他从信封中拿出这个 MacBook Air 时，就意味着它跟纸一样薄。这种方法，是在用信封作为一个媒介。

**通过对物质的感知，我们还可以表达抽象的观点和情感。**

试想，如果要展现香水，可以选择置身于花丛之中；如果想展现恋爱的快乐，可以通过胃里飞满蝴蝶的意象外化；如果想烘托极度美好的瞬间，可以用背景的绚烂烟花瞬间绽放来增色……

这就像在巧克力广告中，常用春风吹过一段丝绸来暗喻巧克力的丝滑口感一样。也像偶像剧中，恋人吵架分手后，为了体现糟糕悲伤的心情，会通过外部环境来外化这一感受，比如天色黯然阴沉，接着便是狂风暴雨。

**我们凭借质地和肌理形成对比的方式逐步摆脱文字限制，反过来能启发我们新的文字表达方式。**

我看过无数次月亮：满月如金币，寒月洁白似冰屑，新月宛如小天鹅的羽毛。

我看过大海平静如止，颜色如缎，或蓝如翠鸟，或如玻璃般透明，抑或如乌黑褶皱的泡沫，沉重而危险地翻动着。

我感受过来自南极的烈风，寒冷呼啸着像一个走失的儿童……

我听过树蛙在无数萤火虫点亮的森林中，演奏着如巴赫管弦乐般美妙复杂的旋律。

我听过啄羊鹦鹉飞跃冰川时叫喊着，而冰川像老人呻吟着走向大海。

……

我见过蜂鸟如同宝石一般围绕着开红花的树闪烁，如陀螺一般哼鸣作响。

我见过飞鱼如水银一般穿越蓝色海浪，用它们的尾翼在海面上划下银色痕迹。

我见过琵鹭像朱红的旗帜从鸟巢飞往鸟群。

我见过漆黑如焦的鲸鱼，在如矢车菊般的蓝色海洋中停留，呼吸间创造了一个凡尔赛宫的喷泉。

……

我曾被愤怒的乌鸦俯冲攻击，如魔鬼的爪牙黑暗顺滑。

我曾躺在温暖如牛奶、柔顺如丝绸的水中，任一群海豚在我身边嬉戏。

——《未与你共度一切》（*All this I did without you*）

这是英国作家杰拉尔德·达雷尔写给未婚妻的一封情

书。书中，他把满月比作金币，把寒月比作冰屑，把新月比作羽毛，还有大海的颜色、南极的烈风、蜂鸟、飞鱼、琵鹭、鲸鱼……

在他的启发下，我自己也找到一种文字的写作方式，例如：

牵你的手，就好像把蝴蝶轻轻地握在手里。

你的声音传过来，就像猫咪用头蹭了蹭我的耳朵。

说完这句话后，一只鸟儿飞停在我的肩膀上，我不敢轻举妄动。

我们的意识受到身体感知的影响。情绪的起落、身体的强弱，都会影响着思绪和想法。意识，是建立在身体感知基础上的二次表达。反之，通过改变身体的感知，便能改变他人的意识，或者说至少改变了他人的认知起点。

也许我是一个偏爱肉欲之人，我无比地偏爱触觉。对我而言，触觉能最为强烈且直接地改变身体的状态。起鸡皮疙瘩、触电、针扎般刺痛、柔软的指腹，总是那么容易引发着人们的触觉体验。我们可以有各式各样的拍摄手法，也可以有非常复杂的叙事手段，但我们不应该忘记有一个最为简单朴实的方法，那就是恢复我们对生活的“在场”感知。

在恢复触觉的那一刻，物质是如此丰盈。

在这些丰盈的物质包围之下，我仿佛穿越了数字时空，与你共在。

第十章

# 符号的修辞和价值观的发泄

# 1

无论是洗涤剂还是牙膏，溢出来的泡沫都和清洁的效果无关。然而，这类清洁产品，却通过产生的泡沫，让我们下意识地进行联想，泡沫大量、轻易地增生，我们便相信洗涤剂和牙膏内部含有特殊的物质。这些物质如同茁壮成长的胚芽，随着我们简单的使用，就能释放出来。

这些泡沫轻柔、洁白，我们如同抚摸了柔软的棉布，棉布能抚平我们的疼痛与灼热。因此，我们进而相信泡沫是无害的，并不会侵蚀我们的肌肤。

大部分牙膏和口香糖都会加入薄荷的味道，逻辑也大体相似，冰凉的感受使得我们相信口腔内的恶臭口气已经被彻底消除。真正起清洁效果的成分不过是把污垢从表面抹去，而多余溢出的泡沫则是把肮脏从最隐秘的深处祛除。

面膜和面霜是相似的事物，然而它却被设计成一个面具的模样。人们敷上面膜后，久久看不到自己的脸，无法动弹，只能充满仪式感地等待，对自己充满期待。随着“面具”这一视觉符号被灌注了内涵——“揭示真相”，摘下面具形状的面膜后，我们看到一个久别重逢的令人惊讶的面孔。

每一个现实之物，本质上都是符号，都是精神的提取物。商品的世界，就这样借助一些符号上的“修辞”来引导我们的想象，改变我们认识商品的方式。

## 2

我们有两种识别方式：一种是惯性识别，另一种是强迫识别。

惯性识别就是在下意识中延伸。我们接触现实世界的一瞬间，一边在远离它，一边又在大脑中唤醒新的影像。在我们按下台灯开关前，心中已然出现台灯亮了之后的模样，尤其是它是如何照亮我们正在阅读的书页的。我们只保留自己感兴趣的事物，只保留我们反应中延伸的东西，对伴随改变的其他事物视而不见。这就是符号的“修辞”能够奏响的原因。

第二种识别方式，是强迫性的。我们主动强行逆转感知和惯性，思绪变得更加敏感，我们瞪大双目，发出质疑的炯炯目光，去刺破心灵惯性的外衣。我们不再依赖神经回路的惯性唤醒脑海的影像，而是回到现象本身，它变得面目全非、异样，我们重新寻找其他特征和轮廓。心灵的连贯性顷刻断裂，时间轴上的关联性瞬间失效，我们需要重构新的序列。

很多艺术家以启动第二种模式为使命，例如马塞尔 · 杜尚破天荒地把日常所用小便池放在美术馆中展览，并把这一小便池视作艺术作品，命名为《泉》。马塞尔 · 杜尚强迫性地让观者瞪大双目，质疑小便池，重新审视小便池，小便池因而变得面目全非。然而，在短视频的世界里，人们匆匆滑过，任意跳转，语境随机，人们首先看到的只能是下意识里的世界，只能启动第一种识别模式——惯性识别。

虽说“大隐隐于市”，但观众更接受“李子柒”的视频中呈现的“田园生活”。院子里由整排的竹筒串联的墙，水泥垒砌的矮墙花圃，绿荫树和矮丛树错落有致，房间里是绿植花卉，原木色的家居，竹编的罗汉床，“李子柒”的视频里充斥着无穷的“田园”符号。这些符号在匆匆掠过视频的观众面前热烈地招呼着:“你看,我只是田园生活!”这种符号修辞把符号的精神内核灌注到“李子柒”账号中,也灌注在“李子柒”这个 IP 下的品牌“李子柒螺蛳粉”中。

在黑帮电影里,我们如果看到上蹿下跳、掀桌砸杯的人,我们便知道他并非城府很深的大人物。大人物的出场,一定是静止的,身边要么伴随着一个优雅的女人,要么有一只安静的猫。周星驰电影中的丑角如花总是大红唇、胡子拉碴、挖鼻孔,聚合了生活中所有的丑人元素。生活中,我们用符号和标签,快速归纳总结“文艺青年”“技术宅男”“金牛女”和“处女座男生”等。符号化的人物,让我们不用再费时间去解释他的身份、地位和性格,出场即为共识。

每一个事物本身都具有无穷的解读性,如果再以伴随着语境缺失的短视频状态,随机闯入处在不同场合的观众的世界中,被误读的可能性便会被进一步放大,能指与所指的滑动便会进一步任意化。因而,在短视频平台里,我们总是看到剧情类视频以两种方式出现:第一种,人物以能被迅速识别的符号登场,并谈论着直白的台词,交代着这个故事的主题,他们并非在表演,而是告诉观众他们在演什么;第二种,只要符号指向性不明确,戏剧上的行为稍微模糊,就必然伴随精确解释的叙事旁白，用直白的语言阻挡能指和所指的任意滑动。

《思考，快与慢》中提到的“系统1”，和这里所谈论的惯性识别内涵是无限接近的。我们通过符号帮助我们迅速定义世界，掌握世界。这是一种人类的生存策略，帮助我们节省时间和精力，以便处理更需要精力、更为复杂的情况。简化，是人类理解世界的方式，将复杂的事物简化为一种符号和象征，是人的生存本能。正如郑也夫在《信任论》中所说的，“任何生物包括人类在内，在这个漫长而残酷的进化战场中，要想生存下来，必须有一种把世界简化的本领”。

丹尼尔·卡尼曼在《思考，快与慢》中用大量的实验证明了我们对熟悉事物的偏好：

> 《大脑一放松，脸上现笑容》这篇文章描述了这样一个实验：让受试者快速浏览一些物体的图片，在播放其中一些图片时，先在整个物体出现之前用快得令人难以察觉的速度呈现其轮廓。研究发现，受试者在识别这些图片中的物体时会相对容易。实验人员对受试者面部肌肉的电脉冲进行测量，来记录肉眼难以观察到的细微而短暂的表情变化，并由

此测出受试者的情绪反应。不出所料，当图片上的物体更容易识别时，人们会微微一笑，眉头舒展，可见认知放松与良好的感觉相互关联似乎是系统 1 的一个特点。

与此同时，任何一种符号的识别，都给了人们观看的切入点。人们是无法摆脱情感状态去理解世界的，因而任何识别在预设一种观看的体系之后，会进而预设一种情感状态。最简单的例子，就是网络中人们但凡看到“666”，似乎都容易进入一种欢呼嬉皮的心情。用网络热哏时，不严肃的氛围势必会萦绕在周围。

再引用《思考，快与慢》里提到的实验。

在一项实验中，心理学家约翰 · 巴奇（John Bargh）和他的同事们让纽约大学的数位学生从一个包含 5 个单词的词组中（例如“发现、他、它、黄色的、马上”）挑出 4 个单词来重组句子。其中一个小组的学生重组的句子中有一半都含有与老年人相关的词，例如佛罗里达州、健忘的、秃顶的、灰白的或者满脸皱纹的。当他们完成这项任务时，又被叫到大厅另一头的办公室里去参加另一个实验。从大厅的一头走到另一头是这次实验的关键所在。研究者悄悄地测量了他们所用的时间。正如巴奇所预料的那样，那些以老年为主题造句子的年轻人比其他人走得要慢得多。

是的，抽象的概念和血肉的反应之间的距离并不遥远。

在金庸小说中，同样古灵精怪的两姐妹阿紫和阿朱，她们的名字暗含于“满朝朱紫贵”，暗示了两人身上的皇室血统。但朱是正色，紫是偏色，《论语》里说“恶紫之夺朱也，恶郑声之乱雅乐也”，意思是圣人厌恶用紫色代替红色，厌恶用郑国的音乐扰乱雅乐。古人认为紫色不红不黑，混浊暧昧，因此“朱紫”寓意正与邪、是与非，代表着阿朱和阿紫不同的性格。金庸先生以颜色取名道出了两人的身份和性格的差异，就是利用了人们对色彩的固有印象和固有情感。

但是，金庸的小说，对国外的读者而言，这种情感的修辞也许就会失效。

每一个符号，在不同人群中有着不同的反应。

作为中国人，我们一看到满月，便容易产生情感的波动，我们会祈祷，会想到团圆。所谓花好月圆，就是如此。古老的传说中，月亮上有嫦娥居住，是人们内心向往的所在。然而，在西方文化里，如果说太阳被赋予了更多理性的象征意义，满月则往往指向与之相反的，人性中疯狂与躁动的一面总是和月圆相伴相生，狼人变身、嗜血的吸血鬼，等等。

在短视频的时空里，任意过客匆匆任意一掠，只有对这条视频内部的符号感兴趣，人们才会停留。而感兴趣的前提是顺利地识别。于是，特定的符号唤醒了特定的人群。反之，每一种符号，会锁定一个人群。

只要谈论“烟酰胺”“玻尿酸”，我们必定圈住了对美妆护肤感兴趣的人群。只要画面中出现“K 线”或者语言上谈论“踏空”，我们必定圈住了炒股票的人群。

想象一种语言，就是想象一种生活形式。

——维特根斯坦

## 3

从人类最古老的雕塑——公元前 3 万年的雕塑《维林多夫的维纳斯》开始，我们就看到了古人类对意义的追寻。人类总是用意义构建符号，用符号传递意义。我们用符号进行交流，也借助着符号的诠释以及再组合衍生了新的符号。人类的文明社会，是由无限的符号编织而成的大网。

我们在短视频世界里，疲惫地匆匆进入观看，快速识别一个视频我们愿不愿观看。一条带着诸多符号的视频，由于触发上热门的机制而迅速得到传播之后，便会传入那些本来从未认识这些符号的人的精神世界中。这些符号渐渐繁衍到他们的世界中。在这个信息爆炸的短视频的世界里，由于算法的推动，符号的衍生也在指数型增长。如此，我们看到了网络热词和热哏的快速传播。

在短视频的世界里，创作者总是面对一个囚徒困境，即无法保证视频能直接推送到目标人群面前，但又不能缺少那些非目标用户的支持。因为只有先得到非目标人群的青睐，才有可能更好地获得推荐量，最后在更大的流量池中进行漏斗式的筛选，剩下的是我们想要的目标人群。因此，我希望我的学生们从一开始就要明确谁是真正的目标人群。而后，我们需要从核心的人群扩散开，考虑到可能会观看的群体，增加边缘人群渴望得到的符号，为这条视频在短视频世界的冒险叠加更多的筹码。

我曾经自我批判过，这是不是一种讨好的妥协？

用哲学家韩炳哲的话来说，互联网变身为一个亲密领域或者说一个舒适区，我们在网络上构建着一个消除了“外界”的、绝对的“近距离空间”。在社交媒体、个性化推荐以及个人化搜索引擎的包围下，在数字化的生态圈里，只有同类，只有自己。过度讨好共识，重复运用老的符号，确实会形成一种“信息茧房”的危机。

但我想，若我们能利用旧符号的功能，来建立自己新的符号系统，或许也算得上忍辱负重、曲线救国了吧。

例如，短视频账号“帅农鸟哥”在农村的土墙上作画，他那动辄上千万人次观看的视频，一次次让大众重新理解了农村的生活，一次次让无数人知道原来一个朴素的农民也可以在乡村的土屋墙上作画。

如果他没有**农民**的符号，我想他的视频不可能得到大范围的传播。如果他没有一系列**农民**的符号系统，我们难以重新认识艺术家也可以是这个模样。

马克斯·韦伯曾经说过，“人类是悬挂在自己编织的意义之网上的动物”。我们每个人都悬挂其上，同时也在参与编织。

## 4

“奇妙博物馆”这个短视频账号，曾经在一日之内狂涨百万粉，核心的原因是一条视频里无限丑化、控诉恶人，并代替观众惩戒恶人，而且曾经获得上亿人次的播放量。一些对表演有要求的影视戏剧行业的工作者，也许会批判视频中角色的演技浮夸。然而，这种苛责，就像诟病 WWE（世界摔跤娱乐）里的拳击比赛不公平一样，完全没必要。

WWE 并非运动，而是表演。罗兰·巴特对此有一段精彩的论述：

> 摔跤手与其说他在擂台之上，不如说他在舞台之上。他的竞技流程不是为了获得胜利，而是精确地完成人们所期盼的姿态。

用罗兰·巴特的话来说，场上的每一个摔跤手，都带着彻底明晰的符号登场，观众在摔跤手登场的瞬间，便明了角色的作用。就和“奇妙博物馆”中的恶人登场一样，我们毫不费力地识别她的人格品质（这在生活中几乎是不可能的）。WWE 上的摔跤手和“奇妙博物馆”中的恶人一样，他们的身体、外貌类型都被过分地进行表达，没有一丝的含糊。

一个 50 岁、肥胖、皮肉松塌塌的摔跤手，他以粗陋而毫不性感的身材上场表演就是为了展示卑劣的特性，他在场上必须引起观众恶心。他必须用这种特质完成这次本质是表演的**比赛**。如果他不犯规，如果他不用恶心的方式对待对手，那么他就是失败的。和身材、外貌的过分表达一样，他必须不停地用夸张的姿势和动作来帮助人们领会这场表演。

如果代表反派的摔跤手把代表正义的选手抵在自己膝下，他会卑劣地咧嘴强笑以示胜利；如果反派摔跤手倒在地上没法动弹，他必须用精确的方式表示自己的失败，比如用胳膊用力击打地面，以示自身处境完全不堪忍受。如果观众不能通过他的失败来发泄情感，那么他在场上的**失败**就没有**成功**。

他所确立的一整套复杂的符号，和在中国戏曲舞台上的程式表演是相似的。在中国戏曲的舞台上，“四五人可当千军万马，转一圈可走四面八方”。如果角色跌倒，不能单纯地腿一伸身一横，毫无名目地倒下去，必须跌出一个名堂，因此，仅仅一个跌倒的动作，就被程式化规定为“跌坐”“抢背”“吊毛”“僵尸”等范式。赢，必须赢得声势浩大，倒下也必须浮夸地演绎。

报应是自由式摔跤的基本观念，也可以成为短视频的流量密码。每一个符号，只要登场，就可以成为价值观发泄的傀儡。WWE 场下的观众喊“让他受苦”，与短视频的评论区发出“活该遭报应”的声音如出一辙。短视频的创作者也必须让出镜的人物得到他应该有的结局。好人可以受难，但必须沉冤得雪；坏人可以一开始让人咬牙切齿，但最后必须被狠狠惩罚。

拳击和柔道的比赛结果有的时候生硬枯燥，如同论证结束的句点，很多平庸的故事也总是伴随精确事件逻辑和精神分析的严谨推导。然而，运用符号进行修辞上的夸张、激动的强调、情绪迸发的层出不穷，则也是故事的另一片天地。

在流量的驱逐场中，符号确实被大量滥用，来契合人们内心的情绪发泄。发泄是一种强烈的情感，在这种强烈的情感中，点赞、评论是无节制的，流量便容易飙升。如自由摔跤比赛一样，短视频中“替天行道”类的似乎总是容易大火——或在婆媳关系中“打压”婆婆，或为穷苦老百姓说话，或为老实的好人鸣不平，等等。

电影演得逼真，是为了让人们仰望着巨大屏幕，进入电影的世界。短视频演得越是虚假，人们越不能进入那个世界。但越是虚假，人们越能居高临下地批判，而这种批判，来自每个人自身的价值观。

因此，有一种短视频的表达方式，那便是创作者调用符号代替人们发泄。

# 第十一章

# 镜像
# 与力比多[1]

1　力比多：英文libido的音译。其基本含义是性本能的一种内在的、原发的动能、力量。弗洛伊德的理论中，有对该词的探讨。

面对越巨大的屏幕，我们越接近被“侵犯”的状态；面对越小的屏幕，我们的姿态就越强势。

看电影时，明星的脸巨大如同神圣的圣像；而看短视频时，屏幕上的影像就像手里被掐住脖子的小鹌鹑。

从电影银幕，到电视机屏幕，再到电脑、手机，我们对电影明星、电视明星、网剧演员、网红的敬畏程度也随之递减。

在短视频的世界里，一个性感的异性出现在近在咫尺的屏幕里时，我们是处在暗处的主宰者。

我们与屏幕无限接近，双手疯狂地双击屏幕点赞，拇指与食指张开可以放大画面，但我们依旧无法走进那个世界。我们评论、私信，以图近一点，再近一点。我们养成入侵的习惯，又无法得到屏幕前的那个人。同样，看到那些美好的生活，我们无论如何也无法进入。用拉康的话来说，正是这样无休止的追逐，我们在欲望无限的挫败中获得剩余快感。

我们不仅仅在一个窗框中看到一个影像，更像在一面镜子中看到影像。我们如同在镜子中看到自己一般，看到短视频，引发着“力比多”的斗争。

# 第十二章

# 凝视

我做了个梦，梦见老家的台风掀翻了奶奶的房子，细节清晰可见。

你看，做梦的时候我是闭着眼睛的，我并不是用双眼在观看，而是用内心已然存在的渴望在观看。

我们的眼睛屏蔽了源自心灵的**凝视**，把**凝视**简化成一种单纯的观看。

没有**凝视**就没有观看。

当我们观看时，正是欲望借助目光为客体笼罩上特定光泽的时候。

# 第十三章

# 色彩

## 1

色彩并非只是物体的物质特性，而是一种心理结构，是一个情感过程。

人们在谈论冷暖色的时候，习惯性认为冷暖色与人类长期的感觉经验是一致的。如红色、黄色，让人联想到太阳、火、炼钢炉等，从而感觉热；而青色、绿色，让人联想到江河湖海、绿色的田野、森林，进而感觉凉爽。但是，我认为逻辑是反过来的，是因为我们看到江河湖海，感觉到凉爽，所以记住了江河湖海的颜色，于是我们抽象成一个模糊的“影子”，投射到一个有着相近“影子”的蓝色杯子上，我们经历了同样的心理结构。

正因如此，对于有着不同成长经历的人来说，不同的色彩一定起着不同的作用。

长期开车的人看到绿色，会感到舒服畅快；而长期炒股的人看到绿色，会感到紧张压迫。

中国的文化中，看到一顶绿色的帽子，会嫉妒和愤怒。

有的人看到红色，会想到血液、不安和野蛮；有的人看到红色，会燃起崇高的敬意。

## 2

色彩经由每个人的经验，不断地唤醒着昔日的模糊影像，而后让影像在心灵中反复涌现，**影响着我们对时间的记忆**。

我们从儿童阶段开始掌握空间，我们会用脚步丈量空间记住远近，从磕碰中记住疼痛。我们登高望远，便记住了远处的色彩是灰色雾蒙蒙的，近处的色彩明艳动人。换成色彩术语来说，就是远处的饱和度偏低，近处的饱和度偏高。空间的感知和色彩总是不知不觉地被整合到一起，难分彼此。前进、凸出、接近的空间效果总是伴随着暖色出现，后退、凹进、远离的空间效果总是冷色系和明度较低的色彩，一如远处模糊的山峰和遥远的淡青色的天际线。

**色彩，总是裹挟着空间的认知。**

所以我们在拍摄影片的时候，为了在一个本就拥挤、扁平的空间中，塑造出空间感，就可以调用人们对色彩的记忆。例如，在远处放上烟雾，冲淡色彩，进而让远处显得更远，近处看着更近。有的时候，也会通过调色的手段，把远处的色彩调成灰调，近处的饱和度升高，努力在一个二维的影像世界里，重新塑造我们在真实世界中看到的空间感。

同样的，在记忆累积的过程中，我们记得雪白的羽毛曾在阳光下飞上天空，漆黑的石头砸到地面是如此沉重。**我们通过色彩回忆起重量感**，记住了明亮的色彩是轻盈的，浓郁、暗沉的色彩显得厚重。所以，年轻有活力的品牌常常喜欢选择明亮的粉色、白色、黄色，而高价位的产品常常选择略带厚重的颜色。

色彩，源自人们与世界连续不断的交互和感知。如果我们不能储存记忆，如果人类没有遥远的集体潜意识，那么色彩便是不存在的。在人生的旅程中，我们总会经历更多的故事，色彩会被重新建构。正如，我曾经深爱的女孩，总是喜欢穿着略微褪色的赭红色长裙，那是我对这个色彩的认识。

添加色彩之前，每一个事物都有其纯粹的潜在性；添加色彩之后，事物便被灌注了特定的心理结构。

在安东尼奥尼的电影《红色沙漠》中，红色代表一种欲望被灌注到空间中。

在克日什托夫·基耶斯洛夫斯基的《蓝》《白》《红》三部曲中，所有染上相应颜色的事物都被灌注自由、平等、博爱的意志。

色彩并非形容词，而是描述伴随状态的副词。

我跳跃在林荫小道，他的电话打进来的时候，我“黑色地”看到了滂沱大雨。

我站在原地，“青色地”眺望林荫道的尽头。

我匆忙地左顾右盼，突然抬头，“蓝色地”看到了天空。

我们凝视色彩，一次次唤醒记忆，在这个过程中，我们触到了记忆的深处。

# 第十四章

# 影调

过于明亮和过于黑暗，都体现出一种崇高或是一种超越。

于是，过于明亮便和神圣的形象绑定起来了。当明亮被赋予了神圣的含义，我们看到光亮的时候，便能得到上升感。

反之，过于黑暗的地方，如极深的洞穴、隐秘的角落，都捆绑了蛇蝎的想象，也裹挟着人类对未知的恐惧和焦虑。

在绘画和摄影的世界里，根据光和影的比例，划分了五种大影调：

在全调里，光明和黑暗各自退缩到一定比例，大面积的是常规中间亮度，这是生活的大多数时刻。

在高调的世界里，光明占据绝对的统治，那是天堂般的模样。

在低调的世界里，黑暗主导眼前的世界，肃静、沉重。

在高反差的世界里，光明与黑暗决一雌雄，迸发出最强烈的力量。平日的常规被挤压到缝隙之间，我们只是平凡的个体，看着光明和黑暗的彻底厮杀。

在低反差的世界里，神魔退场，只剩下灰蒙蒙的基调，舒缓，失去了张力。

光和影的分布不仅是相机上的某个灰度的数值，而且是我们目睹着光明和黑暗在力学上的较量。

目睹这场较量，我们的心跳加速继而又恢复平静，进而操纵着时间的感知，改变着我们面对短视频时的状态。

第十五章

# 视觉重力：平衡与张力

这是一个圆，它居于画面的正中央。

我们感受到令人舒适的视觉平衡，这种舒适感源于我们需要直立行走，正常劳作的时候所需要保持的平衡。

**居中，是平衡的开始。**

如果把圆从画面的中央挪到画面左侧，我们会感受到左重右轻。

但如果在右侧再放一个圆，如同跷跷板的另一端放上重物，视觉再次恢复了平衡。**位置上的对称和数量上的多少，都暗含了一个想象的中心点，它是居中平衡的一种延伸。**

同理，如果把画面左边的圆移到左上角，右边的圆移到右下角，形成对角线的对称，这依旧可以让我们轻松想象中心点。

此刻，将左右两个圆分别移动到画面的左上角和右上角，这会带来“头重脚轻”的眩晕感。

然而，如果把两个圆分别移动到画面的左下角和右下角，舒适的状态便又会回来。

**正如我们对自然的认知习惯里，天地间厚重的东西受重力下沉，轻盈的东西则会上升。**

如果把左、右两个圆分别涂上一黑一白两种颜色，似乎黑色的圆所在的右侧偏重，白色的圆所在的左侧偏轻。所以，**色彩也有着重量。**正如《三五历纪》中所言的盘古开天辟地，“天地混沌如鸡子，盘古生其中。万八千岁，天地开辟。阳清为天，阴浊为地”，阴暗是厚重的，而明亮是轻盈的。

还是这两个圆，如果给左侧的圆涂抹上青蓝色，给右侧的圆涂抹上橙黄色。久久凝视之下，橙黄色的圆似乎正在迎面扑来，逐步放大，而青蓝色的圆则是后退和收缩。这就是冷暖色形成的一种空间感知。无论是白天还是夜晚，遥远处总是青蓝，近处则容易抹上一抹暖色。

现在，我们把圆改成一个指向右侧的箭头。即便这个箭头放在画面中央，我们似乎也会感受到一股来自画面右侧的拉扯力量，我们的身体正在向右边倾斜倒下。

然而，如果把箭头挪到画面左侧，画面右侧保留大面积空白，似乎便给了我们稳住脚步的空间，让我们得以平稳。

我们凝视一个平衡的画面，会感觉到我们依旧遵循着平衡的世界规律，我们所经历的时间是恒常的，越平衡，我们越能接触到亘古不变的时间感。而失衡，则是一个瞬间的时刻，带着一种错愕，裹挟着高涨的戏剧张力，逼迫着我们凝视这一个瞬间的特殊性。带着对恢复平衡的渴望，我们久久凝望，提心吊胆。

第十六章

# 边界与画外

绘画对摄影有一种父权式的压制，于是每本摄影指南中都在谈论构图，似乎好的摄影照片都应该进行构图。

当所有的取景都以黄金分割来设计，那就是一种数学式的思考。然而，无论是一张摄影作品还是一段动态的影像，我首先关注的是信息量的框定。也许我们应该从信息学而非从数学的角度来理解取景。

信息量，总是有两个趋势——饱满或稀缺。

**每一段影像都自带着边界，而这个边界首先来自画框的大小和比例。**

标准的电影IMAX银幕为22米宽，16米高；32寸的电视机长度为69厘米，宽度为39厘米；iPhone 14 pro max的屏幕尺寸则是160.7毫米×77.6毫米。电影画幅从4：3到16：9的改变是电影美学上一个巨大的进步，它改变的不是技术，而是让我们意识到了，电影的最佳状态不在于4：3的画框中框中一张脸，而是在尽量宽的比例中，看到更大的视野和画面。电影表现的不是一张面孔，而是一个完整的世界。

在哈维尔·多兰的电影《妈咪》（*Mommy*）中，导演为了表现极其拥挤的家庭氛围，用 1 ∶ 1 的比例拍摄。在这样的视野中只有人。人挤人，鼻尖碰鼻尖，怒吼的唾沫随时可以喷溅到另一个人的睫毛上。影片的高潮是心情难得舒畅的时刻，通过演员表演的配合，伸个懒腰的动作，撑开了画面，将画幅比从 1 ∶ 1 改成了 16 ∶ 9。

在手机中打开一个竖屏画面，这块满屏的画面被我们拿在手上，并以一个手臂的距离观看，信息是饱满的，有的时候甚至是过剩的。如果在竖屏手机中播放观看横屏画面，屏幕上则留有一部分空余，横屏的画面就会被挤压，信息则会走向稀缺，会确定一种远距的观看。

**每一段影像都有视觉的深度，深浅总是影响着信息量。**

在画面的内部，全景深的画面会让信息量趋向饱满，从远处的天际线，到近处鼻尖的汗珠，我们都看得一清二楚。如果走向稀缺，则是一片朦胧，达到极致就是一片纯黑或纯白。

如果是两人的对话，当我表现出一人自说自话或者只想让观众深度关注一个人时，我便会控制景深关系，只能清晰地看到一个人的面容。反之，我想让观众同时关注两人之间的关系，便把视觉的深度扩散到后面，让观众看到更多。

**每一段影像都有画内，每一个画内必然孕育着一个画外。**

布列松的作品中，经常出现一些刻意的遮掩和信息的缺失。与其说他是关注内部元素的组合，不如说他的关注点是如何通过信息的缺失引发观者的联想。他越是禁止观者观看，则越是让观者在时间和精神上开放。当框定画面的内部时，人们总能引发一个画外。如果表意的重点在画外，人们便被阻止观看，欲望便被压制。视觉上的“失灵”和“禁欲”，构成了满足的延迟，这种取景方式本身就是悬念的模式。

一些短视频里，独居生活的女性从进门开始，只让我们看到了性感的身材，然而却久久不转身正面朝向镜头，我们无法目睹她的面容，这种取景方式充分调动了人们的想象。同样，变装类的短视频，则是根据观者对变装之后的期待，来引发悬念的发生。在希区柯克的电影里，悬念流转在每一个镜头间，人们无法得知剧情的全部。每一个镜头伴随的都是信息的缺失，进而激发人们对剧情整体的思考。创作者从来不是靠释放信息来吸引观者的，而是靠扣押信息，让信息形成缺失。

大多数剪辑师，对全景镜头的停留时间会相对长一些，特写则短一些。简单的解释是，全景镜头信息量多，而特写镜头信息量少。镜头信息量越多，需要给观众观看的时长也就越长。当然，单纯用景别来判断信息量的饱满抑或缺失是片面的。毕竟一个写满浪漫文字的特写镜头，并不比俯瞰平整草原的大远景信息量要少。更准确的解释应该是，框定的信息量越多，观众浸泡在信息中的时长也就越长，观众需要自行去寻找新的信息。如果框定的信息量过度稀缺，即便画面已经被剪辑走了，观众也需要自行挤出时间来思索。所以，过于饱满和过于稀缺，都会需要观众更多的时间。

于是，控制信息量的饱满和稀缺，便是在控制观众的时间。

有节奏地控制信息量的饱满或稀缺，释放和扣押，便产生了叙事的节奏。

# 第三部分

# 时间的语法

第十七章

# 重复、差异与跳跃

## 1

我们先观察太阳东升西落，而后等分了太阳的轨迹，烙印在钟表的设计中。钟表的表面被等分为 12 份，每一份又被等分为 5 份，指针里被灌注了时间的意志，在这被等分的表盘中转动着。

钟表的设计始于我们对自然的观察，而后钟表成为每一个母亲教导孩童认识时间的教具，进而禁锢着每代人对时间的刻板印象——匀速、同质、单向。想要创造时间，就要摆脱这般在老旧的时间话语里的限制，如同德勒兹所指出的："画家并不是在一张未使用的画布上作画，作家也非在一张白纸上书写，而是在早已覆满无数既存、既定陈套的纸或布上工作，以致其首先必得抹消、洁净、挤压，甚至扯碎，使得来自混沌（其带给我们视野）的气流得以穿过。"

## 2

现在，你凝视一个数字系列“3、5、7”吧。

3、5、7

前一个数字是什么？后一个呢？

有的人会在心里构建“奇数”的概念，而期待“3”前面的数字是“1”，后面应该出现的是数字“9”。

然而，有的人在心中构建“质数”的概念，进而默认“3”前面的数字是“2”，下一瞬间出现的数字应该是“11”。

人的天性在于为万事万物建立连贯性，进而确认其意义。一切事物（信息），都在人们的心中，按照一定的秩序固定地连接起来，都在宇宙中有自己的位置。它的位置在哪儿，取决于人们对它的安置。它的位置，也就是它的意义。时间整理好事物，时间是秩序、是关系、是联结、是意义的产生催化剂。

我们生活中的每一个事件，本质都是偶然与差异的。我们不过是选择了自己想讲的故事，自我赋予了因果链条。我们认识这个世界，总是从原因到结果，结果成为新的原因，又引出新的结果。于是时间便在叙事轨道上横向延伸。

同样，在一段叙事作品中，如果我们想构成意义，必须依赖这种心灵的连续性。叙事必须保持同一性，如果没有同一性，“老张病了，老张死了，老张被埋葬”这里的老张，就不是同一个人。一个事件从自身之中预示着下一个事件，诸多事件彼此相续着并产生出含义。

时间是一种心灵上的综合，由我们自身的意识综合这些差异化的时间碎片。我们所理解的命运，是我们的自我不断瓦解之后的重复。

时间，不是空间化的切割，而是深入心灵里的体验过程。

我们在生活中被偶然触碰到的事物激发起的回忆，并非像电影中的闪回片段一样是线性的，记忆从来不是一件件事浮现在眼前，而是每一瞬间彼此差异的蔓延。如同我们等待泡腾片在水中溶化的一段时间，哪怕这个过程极其短暂，它抗拒被我们的理智瞬间把握。这段等待的时间中，每一瞬间泡腾片都在溶化，每一瞬间的泡腾片都不一样，每一瞬间的水都不一样，整个杯子也在每一个瞬间中彼此差异。等待泡腾片溶化的我们在心灵层面，同样在每一瞬间中变化着。

水分子和泡腾片分子每一瞬间都在产生着剧烈的差异，然而我们用心灵整合了它们的运动过程。人类的心灵无法承载过多的差异，因而把这个过程简化成——30 秒溶化。

时间的基底是每一瞬间的差异，不连续、彼此无关联的瞬间。每一瞬间并不是同质的。时间并不是真正的连续，而是重复这些差异化的瞬间的综合。泡腾片被溶化这个过程不断被重复着，我们的等待一直在重复着。与此同时，差异不断被新的差异取代，泡腾片不断变化着，水不断变化着，我们的意识不断变化着。时间是把差异和差异连接在一起的黏合剂。如果我们把时间理解为等分、等距、同质的，把60个一秒钟加和为一分钟，那么这是一种对时间的抹杀，更是对心灵的抹杀。

一对久别重逢的昔日恋人相遇，见到彼此身边都带着新的伴侣，物是人非所引起的情感中夹杂着渴望、嫉妒、欢乐、悲伤等，每一瞬间都有着质的差异，不可能用同一标准衡量。这样的情感并非如心率一般，用每分钟跳跃多少下简单数字化。每一瞬间都异质的情感材料，一个接着一个地涌现、盛放、回返、重新激发的连续状态，连续出现的每一个状态相互渗透，每个当下发生的状态都包含了过去，预示着未来，而非单一轨道的前后持续的直线系列。

用直线想象时间，是物理学的方法，这种方法通过空间的分割来计数，本质而言，时间成为空间的附属，而非独立的存在。只有承认无形的、超空间的时间是真实的意识状态，才能认识到人的心灵是自由的。

## 3

你先看一下这幅画，这是凡·高离开世界之前的最后一幅画——《乌鸦群飞的麦田》，我想你大概能获得一种朦胧的压抑感。如果你的视线深入重复的短促的线条，我想你会深入这种阴郁的气息中。再细看，你会发现这些重复的线条不是绝对同质的，长一点、短一点，笔触重一点、轻一点，无穷的细节开始出现。我们的视线如同褶子，不断向内卷，在这些重复和差异中，凡·高离开世界前的那种无路可退的焦虑迷茫，随着笔触的节奏扩散到我们的心跳中。

在我们整体一掠的视野里，差异被抹去，重复的线条构成了一个整体。而定睛细看，先是看到了重复，而后看到差异，在差异的细节里跳跃，我们感受到了心悸。这是我们看一幅画的惯性，也是我们观察生活的惯性，这种惯性也会重新映射到每一个创作者的思维中。

在生活中，我们总是始于对重复的关注，这是根植于我们基因中对确定性和规律性的依赖。

在教导学生入门创作的过程中，我发现，对于没有接触过创作的学生和没有接受长期艺术教育的人来说，寻找重复是最简单的方式。

这是《诗经》中文字的重复：

> 蒹葭苍苍，白露为霜。所谓伊人，在水一方。溯洄从之，道阻且长。溯游从之，宛在水中央。
>
> 蒹葭萋萋，白露未晞。所谓伊人，在水之湄。溯洄从之，道阻且跻。溯游从之，宛在水中坻。
>
> 蒹葭采采，白露未已。所谓伊人，在水之涘。溯洄从之，道阻且右。溯游从之，宛在水中沚。

这是摄影中的重复：

重复是我们总结归纳世界的方式。

我重复着“重复”这个关键词，是为了留住匆匆掠过阅读这本书的你，重复是为了在薄情的世界里想办法让你加深对我的印象。

重复可以帮助一边忙碌生活一边观看短视频的观众锁定观看的立足点。

如果说每一个观众观看一个作品的时候，作品的意向和观众的关注点是一种滑动的意义关联，就像在一个小说里，人物的登场有无穷的可能性，然而随着故事的发展，我们对人物的理解会逐渐走向一个明晰的方向。那么重复则会让作品的指向明确，告诉人们，这就是我的主题，别的你不必关注。

## 4

年少的时候，我会一遍遍重复王家卫的台词——“人最大的烦恼，就是记性太好。如果可以将所有的事都忘记，以后每一日都有一个新的开始。”这句台词的背后，指向的是记忆的自身重复，记忆让我们把今日视作昨日带着些许差异的重复。时间并不是按线性编织的。过去的存在如同白纸，如同圆环，邂逅现在，不断膨胀，不断收缩，记忆的功能便是帮助我们建构一种连续感。

在叙事性的艺术中，在时间的张力之下，重复关乎一种整体性的想象，这种想象力的存在，便成为我们拉扯人们的一种关键。

在库布里克的电影《闪灵》（*The Shining*）中，小男孩丹尼骑着脚踏车在酒店的走廊里穿行，镜头跟随着小三轮车往前进的时候，我们会发现这个小车的车轮在经历不同材质的地面时，发出了不同的声音：小车在木地板上的摩擦声到地毯上会瞬间消失，通过轮子磨在木地板或地毯上的声音变化，组合出明确的节奏感。正是这种有规律的声音，反而拉长了观众对时间的敏感度。

结合《闪灵》整部电影异常的、诡异的气氛，导演库布里克制造了另一种令人毛骨悚然的声音对比：突如其来的静默。这种静默使人们产生出一种不祥的预感，并产生担心这个有规律的声音什么时候被突然间打破时的恐慌。

木地板、地毯、木地板、地毯，重复中内部的轻微差异总是让观众悬着不敢放松的心。

直行、转弯、直行、转弯，观众在这种极端的重复中担心是不是会有更可怕的差异出现。

剪辑，并非机械结构地拼贴，而是在于把影像设计成与开放式的时间发生关联。一方面是鲜活的当下，另一方面提供了无尽的过去和未来的想象和参与。重复和差异是双生子，我们观看重复，又期待差异的降临。差异一旦产生，时间便脱了轨。

## 5

枯藤老树昏鸦，小桥流水人家。

——马致远《天净沙 · 秋思》

意象和意象之间的跳跃构成了诗意，意象之间越是差异，跳跃就越美。

诗在符号和意象中轻盈一跳，跳出了如同论文一般拼命填满论点的缝隙，跳出了数学的精确演算。

美，就像一架缝纫机和一把雨伞在解剖台上的邂逅。

——洛特雷阿蒙

电影常常恐惧叙事的不连贯性，恐惧跳跃，因此早期电影的教科书上有很多条死规定，例如180度轴线原则、30度原则。电影人常用的叠印手法，也是对跳跃的修补。

然而，我却偏爱跳跃带来的惊愕。

库布里克的《2001太空漫游》（*2001：A Space Odyssey*）里，从古猿的骨头抛上天空跳跃到多年后人类探索宇宙的飞船。这是遥远的物质的相互作用，在影像的缝隙中，导演完成了人类文明的跳跃。

在电影《21克》（*21 Grams*）里，常常是轴线来回跳跃，以此呈现人物内心的躁动不安。人们越是渴望稳定和连贯地观看，越是跳跃，就越是难以忍受。人们的心情就逐渐与剧中人物的心情同频。

在短视频中，我们任意跳转，早已习惯不连贯性。很多人不断地去思考“衔接”与“连贯”，然而人们根本不需要。在一个作品里再不连贯、再跳跃，也比不上人们从上一条视频到下一条视频的跳跃性。短视频尊重不连贯，褒奖差异，褒奖跳跃。

我们看见过从一个环境到另一个环境的变装。

“热门音乐”出其不意的串烧，也给我们带来了爽快的跳跃。

有的时候，突然跳跃进来的花字特效，让我们获得新鲜感。

有的时候，突然跳跃而入的表情包，是如此趣味丛生。

我们习惯性地为万事万物建立联系，事物之间的距离越遥远，我们的完形心理越强烈，主动联想的参与度越高。就像有的书名叫《枪炮、病菌与钢铁》，有的书名叫《能量、性、死亡》，有的书名叫《宗族 · 种姓 · 俱乐部》，有的影视作品叫《爱、死亡与机器人》。在自媒体的世界里，我们把差异的事物并置，来让我们的思绪和感情跳转。我们越是强调差异和跳跃，观众越能如同初生的婴儿般，对世界充满惊奇。

“蒋明舟”的视频，在工地大楼中唱着动人的歌曲，美好生活在跳跃中更美好。

“陶阿狗君”的视频总是在强烈的色彩中跳跃，我们就如同幼小的儿童面对庞然大物时一样的惊愕，呆若木鸡，一片空白。

这种后现代主义的任意拼贴，需要我们关注更多的跳跃和陌生事物的并置，这是玩笑，也是一种自由。这种自由，逼迫着我们不去追求深意，不去归纳遥远的意义。

## 6

跳跃到了极致，便酝酿出了时间的风暴。

我们每一次精神的进程，都是首先来自物质的刺激，而后我们在心灵中荡漾着过往的记忆，这种记忆如同石子落入水中，涟漪层层扩散。然而心灵这池湖水中，未必如二维镜面一般是绝对平整的。也许，湖水中有着尖耸的荷叶尖，平日石子可以避开荷叶尖，安然落入湖水中，思绪的蔓延是温和的绵延；但有时候，我们触到尖耸的荷叶尖，石子也许会被撞击、变向，涟漪出现了不均匀、不规则的扩散。

于是，我们发现时间产生了不规则。就在那个尖点，石子激荡起乱漪，荷叶尖也震荡出乱漪，乱漪和乱漪互相冲击，激起无限的可能性，湖面涌动由无穷微小事件所构成的喧嚣，一时密布时间的能量。“**例外**”让时间拥有暴力，断裂呈现时间。

大多数日常生活中都是循环反复，然而只有对影像的震惊，才有可能唤醒逼迫出时间的真身。常规的涟漪只有断裂和悬宕，时间的真身才会出现，它告诉我们时间从来都是不规则的。

毕加索的绘画重构了时间，在一瞬间，我们看到了时间的各个方向，这便是一种震惊。我们无法用惯性的观看和常规的因果关系去理解。毕加索是暴力的，他暴力地胁迫人们进入新的时间体系之下。

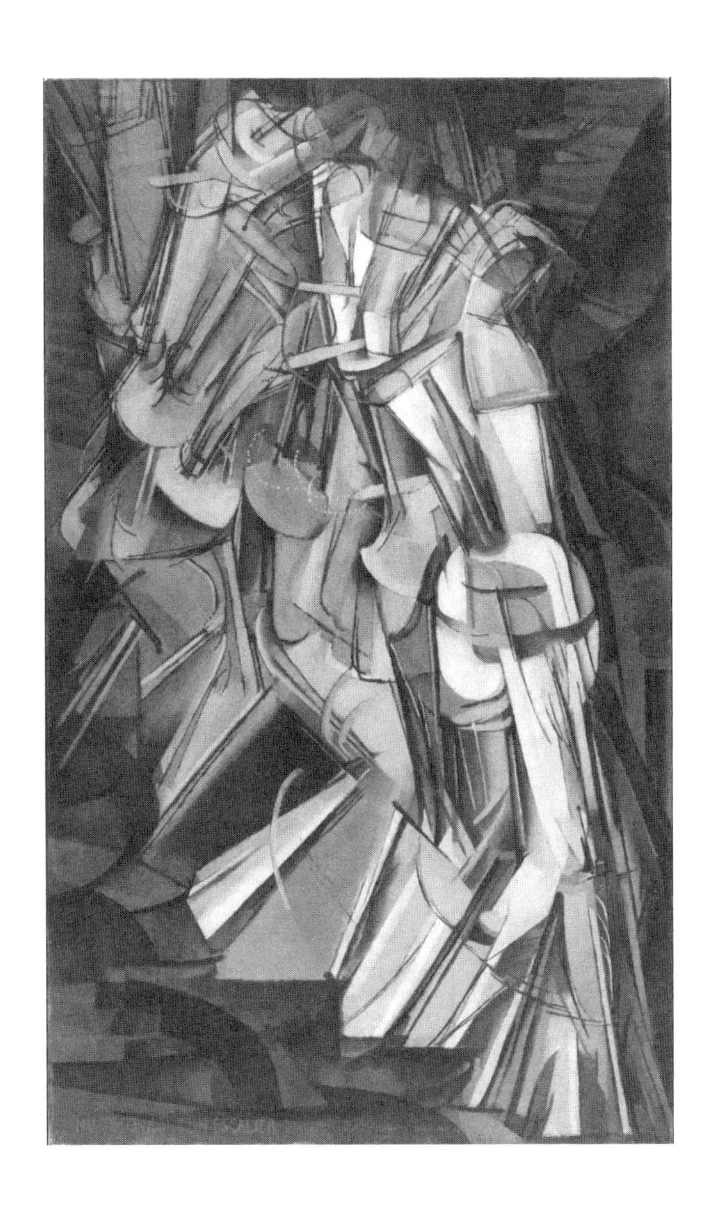

杜尚也是暴力的，在《走下楼梯的裸女》中，他将定格下的动作分解、重叠到一起，形成一个时间段，这是对时间进行了断裂式“分割”的全新重构。他也在暴力地裹挟着我们以新的“时间之眼”来观测新的时空。

戈达尔的电影中，也总是突然植入风格迥异的影像断裂着叙事，暴力地对时间进行重构。例如，在《阿尔法城》（*Alphaville*）中突然对镜头讲述；在《再见语言》（*Adieu au Langage*）中突然出现失真的色彩以及难以理解的狗叫声……

时间的风暴，是对时间的不确定性的承认，是一种深沉的尼采主义。

第十八章

# 停顿

在电影里，每一次我被打动，都发生在导演对停顿的处理上。

《阿甘正传》（*Forrest Gump*）中，阿甘见到儿子时的迟疑；《海上钢琴师》（*The Legend of 1900*）里，1900 在离开弗吉尼亚号之前的久久伫立……

我们似乎总是把超越语言、无法言说的情感，交给了时间的暂停。

有的时候，它以突如其来的定格镜头出现。

有的时候，只是镜头缓缓推进，演员单纯地延长着反应的时间。当镜头往前推进的时候，那就是电影中非常重要的时刻。

有的时候，它以断裂、脱节出现，如戈达尔的电影中，出现一些莫名其妙的镜头。在时间的纵深处，它并非纯粹的空白，而是凿出了极深的黑洞。

根据爱森斯坦的想法，电影能在时间中制造深浅，在时间中制造透视。他把时间本身当作透视或者深浅来表现。我们望眼欲穿，看到自己的灵魂深处。

创作者的初级状态之所以总容易陷入所谓的“自嗨”，是因为他们错误地认为，作品是一种单向的自我表达。实际上，创作者把作品抛向世界是为了引起反应，而这种反应，只能发生在观看者和作品之间精神交流通道的往返中。如果作品只是如幻灯片一样，闪烁在人们面前，这不过是单纯地给人们的视网膜提供了电能和化学能。

而停顿，则似乎在告诉人们——“你先别往下看了，想想吧”。

停顿是现实生活中最深沉有力的东西。它既表现为刚刚经过内心纷扰的完结，同时又表现为一种马上降临的情绪爆发前的等待。停顿不是沉默，不是空白，不是死心，而是内心生活中最复杂的情绪。停顿，是一种响亮的无声台词。停顿是一种挫折，是一种张力悬置的片刻。

我做导演的时候，常常面对演员过度演绎，而我却希望他们能学会停顿，因为演员即便演得再好，也比不上人们自身想象力的参与和多情的加戏。

曾经我和一个喜欢的女生分别了三年，在我们不能相见的三年里，每次遇到“11：11”，我们就会彼此发一次“11：11”。据说当人看到“11：11”时，就会想起某个人，而那个人也会想起你。后来从“11：11”到“12：21”，再到“13：31”，每一次互相对时间的关注和报备，也是一种时间的停顿。

每一次直播结束之后，我总会坐在黑暗中停顿。

每一次我们等来了周末，就等来了我们可以去远方的节日。

我们在生活中得以停顿，是为了获得喘息和重新思考的机会。

自信的人在谈话时总是敢于停顿。恋人之间占上风的一方，往往总是掌控着节奏。我们总逼着自己秒回消息，也要求着别人必须秒回。我在制作一条视频的时候，总是焦虑着别人的不够耐心，而不敢停顿。我们内心的声音总是在告诉自己——“别停下！别停下！停下你就什么都不是了！”

每一次的停顿，时间的真身都得以显示。有的人惶恐不安，因为时间的光芒刺眼，他们习惯了逃之夭夭；有的人，则是降伏时间的高手。

我们在创作中之所以敢于构建停顿，是因为我们相信前面的内容已经构建起了期待，这是停顿得以成立的前提。人们在面对纯粹的虚空时，是无法引起任何联想的，只有在时间的张力之下，省略、留白、停顿才有意义。停顿是跳跃到半空中的滞空，没有前面的蓄力和起跳，滞空的高度便无法到达，没有力量的对峙，就没有停顿的必要。

我们在生活中停顿，是为了抓住推着我们踉跄向前的命运之手，把世界归还给我们，而在创作中的停顿，是为了少说一点，后退一步，把时间的掌控权还给我们。

美不是瞬间的光芒，而是沉静的余晖。

当我们在停顿中，能发现美的身影，我们便在刹那间，触碰到了永恒。

# 第十九章

# 时空的尖点

我曾经错误地把人是语言性的和人是文字性的混为一谈。做短视频那么久，很多人说喜欢我的文字，这让我很惶恐，因为我从小到大并不是一个语文作文能拿高分的人，也不是一个遣词造句多么出色的语文考试选手。如果非要让我谈谈我的写作方式，也许我应该反思自己是如何理解世界的。

人们的用词，往往体现了他们观察世界的角度。我的故事思维、节奏思维、视觉思维，都映射在我的文字里。

## 1

让我们从名词开始。

名词是钢筋水泥，是构成世界的原材料。与其抽象地概括一场婚礼的氛围，不如关注婚礼中每一个花球的模样。我可能不会说灯光刺疼我的眼睛，而会说灯光灼烧了我的睫毛。人们惯性地喜欢抽离出来表达事物，远距离地总结，然而观众要获悉创作者的心情，就必须参与，必须近距离接触。这是一个矛盾的境况，也是创作者必须克服的关键难题。

电影《重庆森林》里有这么一段台词：“从什么时候开始，在什么东西上面都有个日期，秋刀鱼会过期、肉罐头会过期，连保鲜纸都会过期。我开始怀疑，在这个世界上，还有什么东西是不会过期的？”逃离恋爱的悲伤之后，我们也许会总结成“东西都有一个期限”，然而身在其中，我们的视线里只有“凤梨罐头”。

亲爱的朋友们，置身事内是我们的勇气，也是我们的坦率。

身在其中，去寻找专属的时间点——

4 月 16 日下午 3 点，他来到了我家。

身在其中，去寻找专属的地点——

我终于来到了春福路 43 号。

身在其中，去寻找专属的人物身份——

当我计算 CTR（点击进入率）和 CVR（点击转化率）的时候，我的女儿又哭着跑进我的书房。

身在其中，去寻找专属的物品——

你可以喝到很清甜的椰子水，以及到处都有的老盐黄皮水。

身在其中，去寻找专属的数量——

我的每个周末都是一本书、两条毯子、五杯咖啡以及八次闹钟。

## 2

面对各式各样的名词，我们必须“上手”——关注动词。哲学家海德格尔在《艺术作品的本源》中说过，“世界绝不是立身于我们面前能让我们细细打量的对象。只要诞生与死亡、祝福与亵渎不断地使我们进入存在，世界就始终是非对象性的东西，而我们人始终归属于它”。因此，“首先我们必须排除所有会在对物的理解和陈述中跻身到物与我们之间的东西，唯有这样，我们才能沉浸于物的无伪装的在场（Anwesen）”。

海德格尔由此提出艺术创作上的“上手”状态，他以“锤子”为例，人们可以秉持两种截然不同的态度：一种是“观看”，即把锤子当作一个已完成之物放在手上把玩，可以发现它的形状、质地、颜色等属性或特征；另一种则是“使用”，即用来实际地敲打，在被用起来的时候，它不再是对立的物体，而是融入行为中。前者是“现成在手状态”，后者是“当下上手状态”，只有处在后一状态中，也就是说在实际使用中时，锤子才真正成为锤子，体现作用和存在感。

单纯是“现成在手状态”，是名词性的，我们与对立的对象彼此之间没有发生互动关系；而后一种“当下上手状态”，则是动词性的，伴随着“上手”，我们参与到了世界之中。

这也是为什么我们说当创作短视频文案时，名词性状态总是可以还原成动作，动作还可以进一步扩充还原成场面。

“这是一份肥牛可乐”，这是名词性的概括，是远距离观看。

“把可乐浇在肥牛上”，这是动词性的表达，是近距离参与。

“外面知了在喧嚣，而我想请肥牛喝杯可乐”，这便是身临其境的综合感知。

短视频账号“直男财经”的视频里，在分析为什么有钱人都爱把钱放在瑞士银行时，用了大量的动作化表达，把原本抽象、专业的内容呈现得生动形象且有趣。在视频里，创作者将这种行为比喻成一个牌局，用“打牌”“支桌子发牌”“特工一样的寄信方式”形象地点出瑞士银行在财富交易中的立场和服务特点，而不是通过抽象而枯燥的政策和条款解读来呈现。

短视频账号“鹤老师说经济”的视频里，在分析网赌诱惑时，“鹤老师”形象地将网赌时人的心理用一系列动作展现出来：赢了400元钱，点一份牛油火锅，喝两瓶冰镇啤酒，尝到了甜头。当你坐过一次电梯，就很难再接受爬楼梯，每次爬楼累了都会忍不住看一下旁边的电梯按钮。这种诱惑与早出晚归挣上几百元钱不如动动手指网赌就能挣几千元是一样的。

## 3

也许是因为我迷恋特写镜头，所以我在文字中积极寻找场景中的尖点。

“鼻尖的爱情、滑过锁骨的发梢”是空间的尖点。

“灯光穿透耳垂血液的那一瞬间”是时间的尖点。

“牵你的手就好像握住一只蝴蝶”“我站在你的身边就像鸟儿飞停在我的肩膀上”是变化的尖点。

我也会关注色彩，所有下意识的，文字里总有色彩的结构。

> 他扑倒在乌黑的石板路上，身旁滚落两个橘黄色的“皮球”，星星点点的鹅毛白雪开始落下。

这是场景化的、动作化的，同样，也是视觉化的——乌黑色、橘黄色，还有白雪飘下。

> 香气扑鼻的瞬间，我想起了灯光穿透他耳垂的时候，丝丝缕缕的毛细血管。

同样，我也时刻关注光线的塑造，这是逆光形象。

我曾经见过那些零零碎碎的光、影、色、质地和肌理，它们沉积在我的记忆深处，当我足够关注它们的出现，我的文字就绕不开它们的存在。这些记忆的碎片，有一天突然就被重新组合，如同梦境一般。

我忘不了电影《小鞋子》（*Children of Heaven*）里，伤心的小男孩把脚放进金鱼池里，池中的鱼儿凑过来，为他疗伤，抚平疮口。

我忘不了电影《霸王别姬》里，众人见到已经上吊死亡的小癞子时，大木背板轰然倒塌砸下来，激起一片烟尘。

事物的重新组合，会不经意间和我们所处的境遇产生关联。

这，便是时空的尖点，也是记忆的尖点。

# 第二十章

# 缝隙之间

我真的太愚笨，总想固化所有的想法。

前任提出分手，你非得让他 / 她说个所以然。

遇到喜欢的女生，明明你可以简单牵起手，说一句月亮很美，风有些凉，你想拥抱她的情感自然就在话语缝隙中涌现。

我真的太愚笨，所有创作都想愚笨地固化成流水线的方法论，固化成一个工具。

我刚学拍电影的时候曾在笔记本上写下这样一句话——“为每一种情感赋予方向和数值，我们便能得到无穷丰富的情感演变。”

李白是彻底地往正方向狂奔，没有一点哀伤。他说：“花间一壶酒，独酌无相亲。举杯邀明月，对影成三人。月既不解饮，影徒随我身。暂伴月将影，行乐须及春。”

而李煜走向彻底的反面，他说：“春花秋月何时了？往事知多少。小楼昨夜又东风，故国不堪回首月明中。雕栏玉砌应犹在，只是朱颜改。问君能有几多愁？恰似一江春水向东流。”

苏轼呢？他本意正向，无奈总有牵绊。同样是“把酒问青天”，即便他想“我欲乘风归去”，却感叹“又恐琼楼玉宇，高处不胜寒”。

屈原呢？他正视哀伤，痛苦难耐，感慨“惟草木之零落兮，恐美人之迟暮”。然而，他又从黑暗中撑起一丝亮光，呐喊道：“乘骐骥以驰骋兮，来吾道夫先路！”

似乎所有情感都可以往正向走得远一点，或者反向感叹，或者正偏反、反偏正……

哎，我真的太愚笨！我甚至会觉得自己之所以没有创造力，是因为我过度学习英语的语法。

亚里士多德对名词进行了性质、数量、关系、地点、状态、情景、动作、被动、时间九个属性的分类，西方文明似乎总是习惯于为万事万物归类并有序安放，情感也应该被定性分类为喜怒哀乐等。

西方的思想方式，也辐散到西方的语言体系中。

在英语中，句子中的每一个成分均可有修饰语，一个修饰语还可被另一个修饰语修饰。句子层层分支，如同主次分明的树干，思维方式呈直线型，词语和词语之间挤不进任何事物。

但是在汉语中，修饰语一般少而短，短句和短句形成共振，构成语意群；句子和句子之间依赖内涵而聚合。句子和句子之间、段落和段落之间充满着缝隙，而思绪就从这些缝隙中滋生。

Like a mirror，Hangzhou’s West Lake is embellished all around with green hills and deep caves of enchanting beauty.

杭州西湖如明镜，千峰凝翠，洞壑幽深，风光绮丽。

哎，直到今天我才意识到，要想掌握情感，只需要我们愿意生存在缝隙之间。

商人总是关注缝隙之间的填补，优步（Uber）关注等车时间过长的缝隙，共享单车关注的是地铁站和家之间的缝隙，所有的中介都在填补人与人之间的缝隙。

摄影师鼓励我们在事物的缝隙之间激起想法；导演总在主观意愿和客观现实之间撕开裂缝，让我们渴望看到结局的完整。

短视频不仅在“变装”前后撕开裂缝，而且通过拖延裂缝的弥合构建期待。

还有几乎每年都会火一遍的成年人的崩溃瞬间系列。

这样的影像之所以动人，那是因为意外突然降临，把一个人的生活撕开了裂缝。我们在裂缝中，看到分裂的两端，在裂缝中挣扎、碰撞，无限渴望裂缝弥合起来。弥合是基于心灵的需求，有了从分裂到弥合的趋势和方向，才有了情感。

你看：

1. 她刚刚被老板表扬，升职加薪；

2. 到家却面对男友离去后剩下的空荡荡的房间。

你看：

1. 她目送父亲驼着背渐渐远去；

2. 电话响起，女儿稚嫩的声音传来：“妈妈我好想你，我的生日蛋糕什么时候拿回来呀？”

《说文解字》里对“情”的解释为“情，人之阴气有欲者”，意即“情，内心有所欲求的隐性动力”。在英文里，“情”无论是翻译为 affection 还是 emotion，词根中都有变化、运动之意。

情感，并非要测量静态的尺寸和衡量状态，而是从一种状态到另一种状态的缝隙中的运动过程。

情感，不是数学上的一个点或者物理学上的一个块件，而是我初次见你时心跳从 80 下到 140 下的过程，是我离开你时多巴胺浓度逐渐趋向 0 的过程。

亲爱的，我不是在和你讲哲学，我和你讲的只是一些创作小方法。

人类情感，是如此复杂、不可化约、不可合并，我们又何必去将其封锁压平固化到一个“喜怒哀乐”这样的词语里？

尊重情感表达这一事实，就是在尊重自己。

# 第二十一章

# 否定性力量

在瑞典的斯德哥尔摩，一家银行被警察包围住了，里面的抢劫犯没办法逃出去，他们只能绑住当时还在银行的人作为人质。最后警察冲进去，把抢劫犯全部抓住，人质也得以解救了。然而，过了几个月之后，在法庭审判时，被绑架的人质竟然反过来为抢劫犯说好话。这便是著名的斯德哥尔摩综合征。心理学者对斯德哥尔摩综合征的解释是，人质被劫持的时候，他们的生死操控在劫持者手里。他们认为是劫持者让他们活下来的，所以他们不胜感激，会对劫持者产生一种心理上的依赖感。他们与劫持者共命运，把劫持者的前途当成自己的前途，把劫持者的安危视为自己的安危。在人质的心中，迷恋和恐惧被混杂在了一起。

人的有限性决定了我们对否定性力量的关注，迷恋和恐惧表面上是分道扬镳的两个方向，然而却是殊途同归。

在自媒体的空间里，信息常常先以一种讨好的姿态出现，而否定性力量出现时，如同我们置身在一片灰色中突然看到高饱和的红色，瞬间被刺疼了双目。

不协和音程是对和弦的否定，这常常被用在电影的恐怖片中。电影的故事得以推进，依靠的是主角被否定性力量的频繁光顾，我一直在寻找内容表达的共同之处，因而我也给学生布置了短视频对否定性力量运用的课题。

2022 年 2 月 27 日，我的一个学生在一条视频里不断强调提出观点，而后又颠覆自身的观点，推进他的观点。且不谈论他的观点逻辑是否清晰以及合理，但是他在用自我否定的方式，冲击着流浪在短视频的观众心灵，获得了 12.6 万点赞量，观看量达到 300 万人次。

“邱奇遇”，30 天涨粉 400 万，我本以为他的涨粉秘诀根本无法模仿，因为他的文案实在太好了。但从数据看来，他直到第 8 条才破圈。所以，我总结他的破圈秘诀是：把很小的事件押韵地写出了人的情感。可粉丝发我的这条视频，押韵地从小事讲孝道，为什么只有 2000 点赞量？于是我又把他 200 万点赞量的文案都拎出来，分析归纳相似元素，发现原来他最打动人的是从负价值中看到美好，从而形成情感张力。

“流浪狗没人疼，但它很孤勇。父亲老了，但他是为了把我推向春天。”所以邱式风格就是“押韵 + 小事件 + 情感 + 负价值转正价值”。但很快我又刷到别人同样节奏的视频，它押韵地讲00后让老板头疼，却又让老板佩服。10万点赞量和200万点赞量差距依然很大，我突然又意识到了，邱奇遇讲的都是人的原始情感、亲情和爱情。

如果这个视频更强调00后随性是为了自我实现，小事件和大情感之间就会形成更大的张力，所以邱氏风格等于“押韵 + 小事件 + 大情感 + 负价值转正价值”。

但接下来，我又看到评论说：有想法和选题，但没有摄影团队，怎么办？我突然又意识到邱奇遇的风格只能随拍，不能专业，因为要把平凡的小事写成诗，画面就得平凡，镜头还得摇摇晃晃，才能和诗意形成张力。没错，就是张力。所以邱式风格其实是小事件与大情感形成张力，负价值与正价值形成张力，日常随拍与诗歌腔调形成张力，最后的诗歌腔调才是他真正显露文采和声音的地方。抖音的流量密码之一是普世且陌生的，人人都能共鸣，却都耳目一新，邱奇遇做到了以上几点，所以他的文案破圈了。

2022年2月28日，即便是一个零基础的学员，他做短视频只是为了让更多人到他的店铺里购买旗袍，通过相似的方式也得到了几千的点赞量，并成交了很多客户。

这个妈妈气质温婉，因为女儿结婚来做件婚庆旗袍。通常大家觉得婚庆装要喜庆些，所以我先推荐她试穿了一件酒红色的改良旗袍，端庄优雅。但是她想找一件更特别一点的。我又推荐她试穿了这件雾霾蓝色的旗袍，七彩钻蝴蝶造型，大气清新，因为这个颜色过于素雅，很多人不敢尝试。接着，她又试穿了一件豆沙粉色的旗袍，颜色足够低调雅致，但是它集绣花钻和荷叶造型一体，很容易出圈。衣服图片发到她们的家庭群以后，我以为家里人会帮她选一件出来，但这三件衣服大家都没法取舍，争相付款。我能感受到来自她女儿和老公深深的爱意，体会到了妈妈被呵护的幸福感。

2022年3月5日，又一个学生的作业得到了130万点赞量，涨粉20万，观看人次数千万次。

我很满意我现在的生活状态，我养了800多只羊，

100多头牛，还有50多匹马，我还有一个超级巨无霸的青储池，9台不同使用功能的车，让我基本实现了养牧机械化。我对这里最大的抱怨就是荒无人烟，孤独寂寞，特别特别冷，就连喝酒都是一个人。哎！我太不幸福啦！有没有什么办法能够让我感觉到幸福一些呢？

2017年的时候，我大学刚毕业，那个时候我在北京，我为了节省房租，住在一个七楼14平方米的阁楼里，冬冷夏热，去超市买了水什么的都背不回去，太沉了，然后我也放弃了自己做饭这件事儿，那个时候我觉得幸福吗？Of course，no！

再后来，我谈恋爱去了杭州，我养了一只猫，他养了一条狗，他对猫毛过敏，我被随地大小便的狗折磨得下班都不想回家。那个时候你说我觉得幸福吗？也不！

再后来，我回了家乡，我看到书架上有一本我初中的时候就读过的书《假如给我三天光明》，对于海伦·凯勒来说，给她三天光明，她就觉得很幸福了。幸福要靠你自己感知，如果你永远不满足，将永远也不会幸福，谁的话也不用听，谁的脸色也不用看，自力更生，悲喜自渡。

我常常说，把“告诉观众能得到什么”改成“告诉观众你能让他们如何避免损失和被否定性的力量破坏”。就这样，很多学生用了这样的方式，流量也获得了大幅增长。

我常常说，有的人拍摄的生活日常索然无味，那是因为他们的日常中没有构建否定性的力量，没有对抗，就没有生活的韵味。

想想外卖小哥“张老九”，他打动观众的不是他的送外卖的日常，而是他日复一日讲述着送外卖中的趣事，我们看到了如何对抗枯燥劳累的外卖生活。

想想曾经一夜爆火的“培根日记”，他打动观众的并非吃了多好吃的美食，而是让我们看到了他深夜躲在车里对抗孤独，对抗加班的劳累。

我们在生命中，总是对那些曾经伤害过自己的人无法释怀。我们曾经失去的，可能要用一辈子去补偿。得不到的永远在骚动，被偏爱的都有恃无恐。

我们曾经渴望从书本上获得知识和智慧，然而最后却发现，我们只能在意外和重大的变故中得到真正的成长。

人生的意义不在于寻找特定的信仰，我们唯一能做的不过是在自己的命运中生存。命运，常常以否定的形式一日又一日地重构着。每每我们与否定性力量厮杀，自我的边界将逐渐明晰。我们可以不知道自己要想什么，但我们都很清楚自己不要什么。

用黑格尔的话来说，思考必须从否定中开始，我们所有的经验，首先来自否定性的力量，而非不断自我肯定的循环论证之中，它使思考获得足以改变它的“经验”。与己不同的否定性是思考的根本。

也许我们不再需要迎合和讨好观众，因为人们对否定的恐惧和迷恋程度，远远大于肯定性的。所有的思考，首先都是一种反方法、反现实，以便触及尚未属于我们的思想。我们没有办法在肯定性的连贯中得出新的认知，而否定是一种惊愕，在惊愕中我们才能重新理解世界。

否定性力量的爆发是惊人的，即便是围观否定性力量的彼此厮杀，我们的精神如同面对黑洞一般被吸入，在围观的同时也担忧自己的未来，在观看中则不知不觉走向共情乃至站队。共情是一种自我同一性的确信，而站队是有安全感的。

否定性的他者的降临，使得自我的边界线更加明晰。在与否定性力量厮杀的过程中，我们进入了另一个时空，成为感性的动物。当人们恢复了感性，我们便不再刻薄，赞许和认同将轻松发生。与否定性的力量展开厮杀过后，人们便成为共患过难的手足和知己。

# 第二十二章

# 节奏

# 1

毕达哥拉斯走在街道上，听闻铁匠以不同速度和不同力度打铁时，发出了不同高低的声音。于是，他回到家后，制作了一个类似琴的工具。弦的一侧挂有重物，他以某个特定的弦长为基准，拨动琴弦产生的声音为基音，而后调整不同的弦长，他发现弦长比分别为 2 ∶ 1、3 ∶ 2、4 ∶ 3 时发出的相隔纯八度、纯五度、纯四度的音程，可以被定为完美的协和音程。这就是毕达哥拉斯的五度相生法。

我国的古籍《管子 · 地员》篇中也记载了求律的方法，史称“三分损益法”。

“凡将起五音，凡首，先主一而三之，四开以合九九，以是生黄钟小素之首，以成宫；三分而益之以一，为百有八，为徵；不无有三分而去其乘，适足，以是生商；有三分而复于其所，以是成羽；有三分而去其乘，适足，以是成角。”

无论是东方抑或是西方，音乐和节奏的诞生，都源于对基音的一种变化。节奏从一开始诞生，就伴随着基准点。增幅的多少，就是节奏。于是，节奏长期被惯性地认为从数学的角度来理解。

到了巴赫的时代，他将旋律玩得登峰造极，他最重要的手法就是变换和递归。一个基本的旋律，可以通过变换得到不同的音阶，再通过递归，完成千奇百态的重复。他通过对旋律的崇拜，表达了对数学、对宇宙、对上帝的敬畏。

从数学和神学的角度来理解节奏，诚然是一种美妙的诠释，但我更愿意把节奏理解为情感的变化。

日本的江本胜（Masaru Emoto）在《水知道答案》一书里告诉我们，水分子听到“爱”与“感谢”，会呈现为完整美丽的六角形；如果骂出“浑蛋”，水几乎不能形成结晶。如果听过古典音乐，水结晶便会风姿各异；而听过重金属音乐，水结晶则歪曲散乱。他通过水向世人展示了情感和物质的距离并不遥远。人体含有 70% 的水分，不同的声音对水造成的影响同样也发生在我们身上，节奏也会激发身体的生理反应。

关于节奏对身体情感和生理的影响，学者们有很多的研究。

有研究者认为，在德国纳粹时期，纳粹的宣传部部长保罗·约瑟夫·戈培尔（Paul Joseph Goebbels）强制人们使用 440 赫兹的频率，是因为当时的科学家研究出 440 赫兹的频率能使人在潜意识里更加服从，更容易受控制。同时也有观点认为，432 赫兹是水的频率、宇宙的频率、大自然的频率，因而是一个柔和、温暖、舒服的频率，人体会感觉到放松，甚至有愈合伤口的特殊效果。

毕达哥拉斯虽然发现了音乐对人的心灵作用，但是由于当时的认知水平有限，他无法深入研究生理上的机能，他转向认为世间万物皆为数学，而音乐揭示的正是自然的结构，是耳朵能听到的宇宙和谐，具有把人和宇宙联系在一起的力量。特定的旋律甚至如同草药，能治疗身体上和精神上的疾病。先哲的异想天开并不为过，当现代物理告诉我们世间万物皆为振动波的时候，对于最为明显的波的表现形态——音乐，我们有理由相信，这种振动形式会对人乃至万物产生具体的效果。

## 2

11111111

这串数字，想必你不会细数有多少个 1，你大概率会笼统地感知到有很多个“1”。

3332333

对于这串数字，你也不会关注到底有多少个“3”，然而你却非常明显感知到 2 的存在。

观看“11111111”和观看“3332333”，会产生不同的节奏，产生不同的时间纵深。

人类将重复作为参照，迅速识别差异，在差异的瞬间，我们的时间突变了。因为突变，我们才有所感知。

绘画中所谓的“黑与白”“多与少”“大与小”，实质上都是“疏与密”的关系，疏密关系本质上就是“节奏”。我们在注视疏密时，视觉的深度有了节奏，心理的时间也产生了节奏。

文字中的长句、短句、顶真、排比，通过节拍改变着我们的情感。

在一个九曲回环的建筑中，深入、旋转、狭长，还有宽阔的视野、登高的眺望，都是心情的改变。

在小说的世界里，热奈对时间的划分十分有意义。他把叙事时间和故事时间的大小关系做了分类：

“场景”是“叙事时间=故事时间”。

“概述”是“叙事时间<故事时间”。

“停顿”是“叙事时间>0，故事时间=0”。

“省略”是“叙事时间=0，故事时间>0”。

一个有节奏的故事，必然在“场景”和“概述”中滑入或滑出，也在必要时“停顿”和“省略”。

在电影里，节奏源于剧情的支配，所有的视听语言都围绕着剧情的发生加以改变。在电影《沉默的羔羊》（*The Silence of the Lambs*）中，克拉丽丝初次寻求汉尼拔帮助的时候，汉尼拔往前走动的过程中，景别发生变化，光线的变化也产生了节奏。

在电影《蓝白红三部曲之红》(*Trois couleurs*：*Rouge*)里，瓦伦丁和老法官谈话的时候，突然刮起了风，瓦伦丁前去关窗户。随着镜头缓缓推进，我们看到，镜头开端时是满屏的红色椅子，镜头结束时是满屏的白色纱窗。不同的颜色影响着人们对时间的感知，在一个镜头的推进中，时间的流逝产生了节奏。

在电影《爱乐之城》(*La La Land*)中，女主角在参加一场自己并不感兴趣的派对时，为了获得更多人脉，她要求自己强行融入。那时她身上穿的蓝色连衣裙与她的心情一样，藏在暗色之中，甚至看不清蓝的色调，憋闷、不自然。直到她走到镜子前，终于正视自己的心情和想法后，她决定放弃虚荣离开这个派对，当她再走向人群时，她的蓝色连衣裙随着光线一点点亮起来，暗示着她找回了自我，也暗示着她此刻的心情是明亮、愉悦与豁达的。这依旧是节奏的变化。

> 时间拥有收缩或者扩大的权利，如同运动拥有减速或加速的权利。
>
> ——德勒兹

爱因斯坦说："我们说的物质就是能量，它的振动已经被降低到可以被感觉到的程度。这个世界上并没有物质。"

我们站在飓风中，物质飞快地充盈在我们身边。

我们凝视一片漆黑，得不到任何信息。

信息交换是生物体的基本特征。与世界进行信息的交换时，我们的时间感发生了变化。信息的交换和周遭的变化让我们有了时间的概念，没有信息的变化，我们就无法构建时间感。

我们所触碰的一切，都有其内在的节拍。内在性的节拍，如同不同频率的音高震动着我们的心情。即便是一把红色椅子，它就那样静止在那里，我们凝视它时，也可能会思索起当初那个穿着红色长裙坐在那里的女子。我们伤痛欲绝，随后转移视线，看向远方的一片蔚蓝。

我一直相信艾略特所说的，"一个造出新节奏的人，就是一个拓展了我们的感情并使它更为高明的人。创造一种形式并不是仅仅发明一种格式、一种韵律或节奏，也是这种韵律或节奏整个合式内容的发觉"。

节奏 = 情感的形态

节奏不是抽象的快慢，而是人们心灵的历程。

承认节奏的多维性，我们才会承认感情的非线性，认识到人类心灵的复杂性。

# 第二十三章

# 时间的角度

## 1

一颗钻石，从不同的角度看，会看到不同的光芒。

和一个人的相处，从不同的角度看，会得到不同的体验。

他者的不可通达，让视角成为一种诱惑的因素，我们时刻想得到他人的视角，想如造物者一样同时得到多人的视角。

获取新的视角，就是获取新的时间角度。

## 2

在文学史上，对视角的探索是尽兴的。

用“上帝视角”写成的作品，让读者凌驾于故事之上，读者永远比故事中的人物知道得多。

那是最美好的时代，那是最糟糕的时代；那是智慧的年头，那是愚昧的年头；那是信仰的时期，那是怀疑的时期；那是光明的季节，那是黑暗的季节；那是希望的春天，那是失望的冬天；我们全都在直奔天堂，我们全都在直奔相反的方向——简而言之，那时跟现在非常相像，某些最喧嚣的权威坚持要用形容词的最高级来形容它。说它好，是最高级的；说它不好，也是最高级的。

英格兰宝座上有一个大下巴的国王和一个面貌平庸的王后；法兰西宝座上有一个大下巴的国王和一个面貌姣好的王后……

——《双城记》（孙法理译）

第一人称则是一种赤裸，无论是自嘲、自大抑或是强烈的情感宣泄，都一丝不挂地被凝视。第一视角，就像用暴露癖吸引着偷窥狂。

如今我已是一个死人，成了一具躺在井底的死尸。尽管我已经死了很久，心脏也早已停止了跳动，但除了那个卑鄙的凶手之外没人知道我发生了什么事。而他，那个浑蛋，则听了听我是否还有呼吸，摸了摸我的脉搏以确信他是否已把我干掉，之后又朝我的肚子踹了一脚，把我扛到井边，搬起我的身子扔了下去。往下落时，我先前被他用石头砸烂了的脑袋摔裂开来；我的脸、我的额头和脸颊全都挤烂没了；我全身的骨头都散架了，满嘴都是鲜血。

——《我的名字叫红》（沈志兴译）

第二人称视角是一种强势的入侵，读者必须完成角色扮演，否则便无法展开阅读。

你即将开始阅读依塔洛·卡尔维诺的新小说《寒冬夜行人》了。请你先放松一下，然后再集中注意力。把一切无关的想法都从你的头脑中驱逐出去，让周围的一切变成看不见听不着的东西，不再干扰你。门最好关起来。那边老开着电视机，立即告诉他们："不，我不要看电视！"如果他们没听见，你再大点声音："我在看书！请不要打扰我！"也许那边噪音太大，他们没听见你的话，你再大点声音，怒吼道："我要开始看依塔洛·卡尔维诺的新小说了！"哦，你要是不愿意说，也可以不说；但愿他们不来干扰你。

——《寒冬夜行人》（萧天佑译）

有时候，我们选择叙事代言人，以他的视角展现故事的进展，传递作者想表达的内核。在整个故事里，叙事代言人串联起整个故事的发展脉络，同时以他的偏见引领人们一步步理解这个故事。就像《了不起的盖茨比》中的尼克，作为整个故事的叙事代言人，读者从他的视角里看到盖茨比人前人后的不同面貌，也看到了盖茨比如何为了爱情步步为营。菲茨杰拉德选择了一个十分舒适的视角，让读者保持一定的距离，把盖茨比抽象成一个符号化的人物。

> 我坐在沙滩上遐想古老而未知的世界，忽而想起了盖茨比，他第一次见到黛熙家码头末端的绿灯时，肯定也感到万分惊喜。他走过漫漫长路才来到这片蓝色的港湾，肯定觉得梦想已经离得非常近，几乎伸出手就能够抓得到。他所不知道的是，梦想已经落在他身后，落在纽约以西那广袤无垠的大地上，落在黑暗夜幕下连绵不绝的美国原野上。
>
> 盖茨比信奉的那盏绿灯，是年复一年在我们眼前渐渐消失的极乐未来。我们始终追它不上，但没有关系——明天我们会跑得更快，把手伸得更长……等到某个美好的早晨——
>
> 于是我们奋力前进，却如同逆水行舟，注定要不停地退回过去。
>
> ——《了不起的盖茨比》（李继宏译）

曾经，视角是固定的，每一个作者必须以上帝自居，也承担了上帝的压力。作者必须尽可能公正，尽可能全知，要努力扮演那个知晓真理的人，也必须有可信赖的对象。然而，视角一旦被解放，就意味着读者可以进入不同的个体中，或卑劣，或懦弱，或满嘴胡言。

> 洛丽塔是我的生命之光，欲望之火，同时也是我的罪恶，我的灵魂。洛——丽——塔；舌尖得由上腭向下移动三次，到第三次再轻轻贴在牙齿上：洛——丽——塔。
>
> 早晨，她是洛，平凡的洛，穿着一只短袜，挺直了四英尺十英寸长的身体。穿着宽松裤子，她是洛拉。在学校里，她是多莉。正式签名时，她是多洛蕾丝。可是在我的怀里，她永远是洛丽塔。
>
> ——《洛丽塔》（主万译）

## 3

我曾经犯过一个错误，想把文学的逻辑直接转变成影像的视角。

在文学里，第一人称和第二人称似乎可以简单用“我”或“你”代替，影像却没办法简单地用你、我来分类。从剧情的角度很好理解，整体的叙事是谁的视角很容易区分。然而，落实到一个单独的镜头中或是一瞬间的影像中，则很复杂。电影由于有取景的问题，每一个镜头都内含着一个特殊的角色角度。如果把影像视作一种语言，那么影像有独立的视角体系。

但如果，我们放弃原有的分类方式，寻找人称的关键内核，便有了新的思路。

第一人称是为了让剧中人暴露，让观众以安全的距离体验剧中人的感情和窥探剧中人的心灵；而第二人称则是逼迫观众必须进入特定状态，如果不进行角色的扮演则无法进入情感的内部；第三人称则是，为观众选取特定的视角进行感受体验，有时候是人的视角，有时候是动物的视角，有时候是“上帝视角”。

于是，影像的视角只需要关注一个内核，即创作者想让观众以什么身份如何感知此刻的信息。

这种感知，首先源于拍摄者视角举起相机时无法逃避的位置，或高，或低。

其次，**还有相机和视线轴线的夹角**。当视线和轴线的夹角完全重合，人物的视线直勾勾盯着镜头，即盯着观众，那是一种炽热的直视，那是一种强有力的冲击。当轴线打开之后，角度每大一些，情感的冲击便会弱一些。当转移到 90 度的纯侧面，情绪被进一步虚弱。当然，轴线角度达到 135 度乃至 180 度则是一种更大程度的远离。

有的时候，我与被拍摄的物体之间，隔着一些事物。而这些事物，影响着我的观感。

有的时候，隔着一个窗户。

有的时候，隔着一层毛玻璃或者轻纱。

**视角，也包含了透视的改变。**标准镜头如同常规的肉眼所见；广角镜头有撕扯感，也总伴随着张力；长焦镜头如同遥远的偷窥视角，有着强烈的目光。

**最后，是对运动状态的关注。**

人们总是默认影像是稳定的、均匀的，这和我们大多数时候理解的大自然是一致的——静止、稳定。然而，人们的心跳和呼吸会随着情感和身体状态而改变，呼吸有急促、有缓慢。如果影像被赋予这样的特殊状态，创作者便在无形中逼迫着观众与影像内部的呼吸同频。

拿着相机深呼吸，持相机的人会把呼吸的状态带入影像中，并把这一状态赋予观众。

拿着相机奔跑，持相机的人会把奔跑的状态带入影像中，并把这一状态赋予观众。

在电影《拯救大兵瑞恩》（*Saving Private Ryan*）里，炸弹总是突然在战场上爆炸，镜头会随着炸弹的震动而颤抖，也把战火纷飞的现场感带给了观众。

**视角的内涵不只有形容词词性，也有修饰动作的副词词性。**

## 4

早期的文学作品和电影只能限定一种视角，永远只有一个舞台的视角，客观、公正，和剧中的每一个人物都是等距的。

而后，视角可以是游离的，观众可以时刻滑入或滑出，是一种丝滑的体验。在一段讲述双人关系的电影片段中，创作者总是悄然地通过改变俯仰关系、透视关系、轴线关系等，改变着观众对人物的远近关系和情感的亲疏。在小说中亦然。

后来，创作者开始在整个叙事段落中主动切换，让观众明显感知到视角的意义。在小说《喧哗与骚动》中，作家福克纳以班吉、昆丁、杰森三个人的第一视角为独白反复切换。王家卫的电影《东邪西毒》也切换着欧阳锋、黄药师、盲武士等人的视角，让我们体会人物错综复杂的情感纠葛。当然，我在曾经的短视频制作中，也有过轻浅的尝试。

最后，创作者都在尝试创造全新的视角，塑造全新的体验。如卡夫卡的文学作品《变形记》中模拟甲虫的视角，又如电影《遁入虚无》（*Enter the Void*）中模拟死者灵魂的视角。

曾经有一位老师和我说，情节本身越是虚弱，似乎就越需要玩弄视角的把戏。我并不赞同。如果我们相信作品是提供情感的体验，而非为了讲清楚故事的来龙去脉，那么视角至少不是一种附属。叙事话语本身，也是一种意义。

## 第二十四章

# 时间的芳香

由于磷元素排列方式不同，它们被分为白磷、红磷两种。

白磷有剧毒，可溶于二硫化碳。红磷无毒，却不溶于二硫化碳。它们的着火点分别是40摄氏度和260摄氏度，但是充分燃烧之后的产物都是五氧化二磷。

同样，乙醇和甲醚的分子式都可以写出 $C_2H_6O$，然而它们的排列方式并不一样，乙醇的结构为 $CH_3CH_2OH$，甲醚的结构为 $CH_2OCH_2$。结构的差异导致了性质的区别。乙醇在常温下是液态，而甲醚却是气态。不同的原子结构，会散发出不同的芳香。

这是一节化学课里的内容，名字叫《结构决定性质》。这也是我的文学启蒙课。

现代符号学有一个基本假设，交流在相互离散的单位间才能产生。没有离散的单位，就没有语言。正如罗兰·巴特(Roland Barthes)所说的："可以说，语言是对现实的分割

(例如，色彩在光谱中具有连续性，但用语言描述时，色彩就被简化为一系列不具有连续性的名词）。”符号学家假设任何形式的交流都需要一种离散的呈现方式，人类的语言就是一个典型例子。人类的语言在很多层面上都具有离散性：人们把句子作为说话的单位，而一个句子由不同的词语构成，一个词语中又包含不同的词素，等等。同样，电影的叙事依赖一个个情节段落，又可以细分到一个个戏剧节拍，再细分到一个个分镜头，镜头内部还可以细分为一个个视听语素。叙事层层细分之后，我们得到的是离散的叙事原子。

著名的“库里肖夫效应”，告诉我们离散的叙事原子是如何组合并锁定一种**气味的**。库里肖夫从某一部影片中选了苏联著名演员莫兹尤辛的特写镜头，并把这个镜头与其他影片的小片断连接成三个组合：

第一个组合是莫兹尤辛的特写后面紧接着一张桌子上摆了一盘汤的镜头。

第二个组合是莫兹尤辛的镜头与一口棺材里面躺着一具女尸的镜头紧紧相连。

第三个组合是这个特写后面紧接着一个小女孩在玩着一个滑稽的玩具狗熊的镜头。

人们对艺术家的表演大为赞赏，指出：“莫兹尤辛看着那盘在桌上没喝的汤时，我表现出沉思的心情；我因为莫兹尤辛看着女尸那副沉重悲伤的面孔而异常激动；我赞赏莫兹尤辛在观察女孩玩耍时的那种轻松愉快的微笑。但我知道，在这三个组合中，特写镜头中的脸都是完全一样的。”

库里肖夫效应告诉我们，感觉具有模糊性，而完整的叙述则是对感觉的锁定，如同链条，把每种感觉的开放性逐步锁定在叙事的链条中。

电影《大象》(*Elephant*) 根据一则新闻改编而成，1999 年 4 月 20 日，两名高中生手持自动武器闯进科伦拜恩中学大开杀戒，在枪杀 13 名师生后自杀身亡。电影里，一个缓慢的镜头沿着一条空无一人的道路移动，暴力就在这里发生。我们从影像中提取当下，并让影像预示一个以后不可避免的未来。如果没有叙事的指向性，影像是没有根基的。

电影里每一个主角的重新出现，永远不是在某些具体的地点中登场，而是从时间中走来，伴随着过去和未来的锁定。

叙事的原子经由不同的结构，呈现出不同的性质。只有原子以一定的结构呈现，我们才能感知它的气味和形态。

不同作家写的文字有不同的芳香。

不同导演组合的镜头有不同的芳香。

剧情中先发生什么、后发生什么，不仅仅改变着剧情，更改变着一种情感的变化，即改变着时间的芳香。

我们先知道英雄的结局会惨死，我们从他的美好生活逐步看到他的死亡……

如果我们并不知道英雄的结局，我们先看着他的美好生活，最后震惊于他的结局……

这是两种截然不同的观看过程。

连续的影像利用这种单个叙事原子的模糊感知，再结合叙事链条的锁定，调动观众主动创作和想象。

# 第二十五章

# 时间的语法

在博尔赫斯的《博闻强记的富内斯》里，富内斯是一个拥有无限记忆的人，他没有抽象概括的思维，他无法理解“狗”这个共性符号，包括不同大小、不同形状的许许多多、各式各样的个别的狗，但他会记住每一只狗的区别，包括细致入微的颜色区别以及每一只眼睛的瞳孔细节。我们看到的不过是一棵棵树，这些树的样子对我们而言大同小异，而对他来说，则是极繁杂的枝丫角度和无穷的树皮纹理。他的世界拥有难以容忍的精确，他根本无法入睡，梦和现实都挤满了难以容忍的精确细节。在他的世界里，每一个瞬间其实都充满差异，每个差异都再次与其他的差异产生差异，这些差异倍增、不断翻折，无限向内褶进。这是一种令人惊恐的无穷差异化。

人们总是追忆着抓不住的过去，基于过去和当下想象未来，每一个当下都孕育着过去和未来。于我们而言，总是生死之间的压力，受限于时间的张力。

艺术家有意或无意地在作品中折射出自己的时间观，映射自己对时间的焦虑和爱欲，也在使用全人类唯一共通的语言——时间。

故事如果需要被讲述，它的语言应该是时间。在人物的面孔和肢体中，看到时间的痕迹，在“玛德莱娜蛋糕”中接入自己对时间的想象。通过时间这门语言，我们完成着讲述，激荡着情感，刺激着悬念。

情感如果需要被表达，它的语言也应该是时间。情感滋生于缝隙之间，我们的心灵在缝隙的两端运动的过程中，构建时间的综合。情感从来都不是用文字和影像来表达的，文字和影像不过是对时间的翻译。

“瞬间影像家”们——那些雕塑家、画家、摄影师，在历时性的感知中，用捕捉瞬间停顿讲述着时间的前后，让“当下”孕育着“过去”和“未来”的想象，在共时性的感知中，用时间的纵深来激发心灵中更多的影像。

“连续影像家”们——那些电影人、戏剧家，还有短视频创作者，一遍遍让人们过去的时间重演。在更长的“当下”中，映射出更遥远的“过去”和“未来”；在人们依赖的因果叙事链条中，让悬念和惊奇得以成立；在跳跃中酝酿时间的风暴，在节奏中塑造全新的心灵体验；在整体上重新构建结构，切换角度，让时间焕发出独特的芳香。

人是时间性的生物，不仅仅是因为死亡的压力，更是因为我们每时每刻都求生存，求当下的位置、求意义。

我们追问自己在哪儿，追问自己与上一瞬间有何关系，也就是在追问时间。这就是时间的语法，也是短视频的句法。如此，重复、差异、跳跃、停顿、缝隙和否定等便成了时间的词汇，成为短视频构建时间的基本语素。

尾声

# 过一种<br>没有深意<br>的生活

从事短视频行业的人，应该要有一种骄傲，即我们正在捡起光荣的娱乐传统。

在翻开这本书的时候，你有可能是这两类人中的一类：

第一类：原本你尊重短视频，你渴望通过曾经令人敬畏的媒介——阅读，来理解短视频。

第二类：其实你蔑视短视频，你带着阅读的高傲来蔑视这种被称为娱乐至死的短视频。

但我存在一种偏见，如今敢自信地说自己不忙碌的是热衷娱乐的人，是稀缺的强者。

我想强烈地呼唤一种非洲式的乐观放纵，然而我这个 90 后的年轻人一度感到很悲哀。我出生于广东的沿海城市，这里是改革开放的最前沿。在这里，我们接受着西方的流行文化狂欢。没过多久，我们随之又听着西方人说这是一个娱乐至死的年代，现今又被定义成一个碎片化的时代。于是，开始了自我内耗，受难的癖好便开始了。我们连自我分析和批判的话语体系，都深受其限制，如同无根浮萍，原地自我撕扯。

若我们回顾中国经典文化的源头，如《诗经》中的诗篇，或是《墨子·公孟》里说：“诵诗三百，弦诗三百，歌诗三百，舞诗三百。”墨子告诉几千年后的我们，这些诗篇均可诵咏、可用乐器演奏、可歌唱、可伴舞。再如《论语》，截然不同于西方，开篇更明确指向了快乐。

子曰：“学而时习之，不亦说乎？有朋自远方来，不亦乐乎？人不知而不愠，不亦君子乎？”一如李泽厚先生所言，这是我们的“乐感文化”。

《论语》中关于“乐”的描述屡见不鲜。

> 子曰：“兴于诗，立于礼，成于乐。”（《论语·泰伯》）
>
> “莫春者，春服既成。冠者五六人，童子六七人，浴乎沂，风乎舞雩，咏而归。”（《论语·先进》）
>
> “子在齐闻《韶》，三月不知肉味。曰：不图为乐之至于斯也！”（《论语·述而》）
>
> “子曰：饭疏食饮水，曲肱而枕之，乐亦在其中矣。”（《论语·述而》）
>
> “子曰：贤哉！回也。一箪食，一瓢饮，在陋巷。人不

堪其忧，回也不改其乐。贤哉！回也！”（《论语·雍也》）

同样，道家的文化源头，也是指向了“乐”。

庄子的妻子生病去世，朋友惠子前往吊唁，然而庄子却蹲在地上拿着根木棍，一边敲着瓦盆，一边哼着小曲，他并不痛苦送别，反倒说：“察其始而本无生，非徒无生也，而本无形，非徒无形也，而本无气。杂乎芒芴之间，变而有气，气变而有形，形变而有生，今又变而之死，是相与为春秋冬夏四时行也。人且偃然寝于巨室，而我噭噭然随而哭之，自以为不通乎命，故止也。”这是一种对生命豁达的态度。从根本上，庄子并不认为人的生老病死是受苦。

诚如庄子所言，一生不过是一场变化，那应该如何生活呢？

庄子在《天道》中说：“与人和者，谓之人乐，与天和者，谓之天乐。”

庄子在濠梁之辩中，同样谈论的是快乐：“子非我，安知我不知鱼之乐？”

至此，我们看清了东西方文化的源头。

西方的文化源头，目标都指向了赎罪。

东方的文化源头，目标都指向了乐。我们以乐的态度去生活，乐不应该和罪恶感捆绑在一起。

从殿堂里的儒家、道家的教化经典起源，到民间百姓的日常小说故事，都是娱乐精神的体现。

魏晋时代，第一部志怪小说集《列异传》中，不少故事充满着笑点。其中有则颇有趣味的故事：

> 南阳宗定伯，少年时夜行，忽逢一鬼。问曰："谁？"鬼曰："鬼也。"循复问之："卿复谁？"定伯乃欺之曰："我亦鬼也。"鬼问："欲至何所？"答曰："欲至宛市。"鬼言："我亦欲至宛市。"遂相与为侣向宛。共行数里，鬼言："步行太极，可共迭相担也。"定伯曰："大善。"鬼便先担定伯数里。鬼言："卿太重，将非鬼也？"定伯言："我新死，故身重耳。"定伯因复担鬼。鬼略无重。如是再三。定伯复问鬼曰："我是新死，不知鬼悉何所畏忌？"鬼答曰："唯不喜人唾耳。"于是共行。道遇水，定伯令鬼先渡，听之，了无声音。定伯自渡，漕漼作声。鬼复言："何以作声？"定伯曰："新死不习渡水故耳，勿怪吾也。"行欲至宛市，定伯便担鬼着顶上，急持之。鬼大呼，声咋咋然，索下，不复听之。径诣宛市中，下着地，鬼化为一羊。定伯恐其变化，亟唾之。卖之，得钱千五百，乃去。……时人语曰："定伯卖

鬼，得钱千五百。”

虽然可以从中总结各种人生道理，但首先我们应当发现这是一个颇有趣味的娱乐故事。正如鲁迅先生所言：“小说起源于劳动的空闲谈论故事的消遣。人们在劳动时，用歌吟以自娱，借它忘却了劳苦，到休息时，亦必要寻一种事情以消遣闲暇。这种事情，就是彼此谈论故事，而这谈论故事，正是小说的起源。”因而，我们首先要明确的是，小说的第一性，应该是娱乐，而非教化。

当然，这里存在一种危险，即把娱乐视作醉生梦死，视作一种历史虚无主义。人们总是容易从一个极端走向另一个极端，仿佛如此便能简单地理解世界，掌握生存的方法。拥有君子之乐，并不意味着失去忧患意识，这是孔孟留下的智慧。

蒲松龄在《聊斋自志》中坦白，“独是子夜荧荧，灯昏欲蕊；萧斋瑟瑟，案冷疑冰。集腋为裘，妄续幽冥之录；浮白载笔，仅成孤愤之书：寄托如此，亦足悲矣。嗟乎！惊霜寒雀，抱树无温；吊月秋虫，偎栏自热”。

虽然蒲松龄伤感沦落，带着“士大夫”的“孤愤”，借谈狐说鬼以抒发忧愤，但是他依旧把写作《聊斋自志》视作一种

“寄托”。他认为自己如同月下秋虫，孤独地依偎栏杆，在自己编织的梦幻中“偎栏自热”。这就不难理解，为什么他会在书中提及了诸如幻术、杂技、藏鞠、马戏、斗戏、棋戏、酒令、对联、灯谜、酒令、笑话、下棋、蹴鞠、赏戏、作画等这些娱乐活动。这一切，都是他渴望着得到娱乐的甘露。他在娱乐自己的同时，也娱乐着人们。

我们仿佛看到了蒲松龄死后的100年，在西方诞生了另一个用写作拯救自我的孤独的灵魂卡夫卡，他在给马克斯·布罗德（Max Brod）的一封信中写道：“写作是一份甜美绝伦的酬劳，为何呢？深夜里，我就像孩子的直观教学课那般清晰地知道，这是为魔鬼服务的酬劳。”

两位作家对娱乐和受难的态度是接近的。向着极致的受难走去，如同绕过北极点之后绕到地球的另一侧，那里是娱乐的胜地。他们都在进行自我享乐的构建，这份“甜美的酬劳”是通过为“魔鬼服务”获得的。换言之，是通过“受难”获得的，他们的禁欲不是简单的放弃和剥夺，而是一种更高的娱乐。

韩炳哲曾在他的书中有一段精彩的阐述，他说，卡夫卡的作品《饥饿艺术家》里的形象，便是他笔下的自己。马戏团里的饥饿艺术家忍受40天的饥饿，供他人观看他瘦骨嶙峋的身体。他并非纯粹地受难，他在进行表演艺术建构一种超越性的享乐。“我一直在想着，你们能赞赏我的饥饿表演。”饥饿艺术家如是说。

故事的最后，饥饿艺术家被裹藏于草堆之下，而后在笼子里放进了一只年轻的生猛的美洲豹子。与饥饿艺术家相反的是，“这只豹子什么也不缺，可口的食物看守人员无须长时间考虑就会送来……它生命的欢乐总是同它大口里发出的强烈吼叫一起到来”。这只豹子也是享乐的，它追求动物性的基本需求的充分满足，是欲望的发泄和放纵，是过度的盈余和无忧无虑。

纯粹的享乐（美洲豹子）和为了某些理念受难（饥饿艺术家）是如此的一体两面，正如卡夫卡笔下所写，他们可以“共居一笼”。

韩炳哲的这段阐述，虽有为受难倾向正名的嫌疑（他是海德格尔忠诚的传人），但于我而言，这段阐述则是对娱乐地位的再次强调。

恢复娱乐正当性是有必要的，只有正当且毫无羞耻感地看待娱乐，我们才能用一种正当且客观的目光看待短视频。

在现代，娱乐成为一种社会的光明正大的行为，它无处不在，它是一种日常的高频活动。

曾经是戏剧、文学，而后到电影、电视，今天则是短视频。短视频是娱乐精神在今天最好的寄居方式。

比起传统的娱乐项目，短视频的时长随意，内容轻盈，故事也点到为止。在某些特定的平台里，我们随手就能划走，没有强制逼迫的观看。而且生产这样的内容，没有必须恪守风格流派，更多的是人们随手一拍。这样的短视频是一种闲谈，而非书面的表达，这种闲谈免除了正式谈话的负担。这是彻底的自由。

当我们凝视一个媒介的时候，我们是否注意到它是媒介，并且意识到我们理解这个世界，必须经由某些媒介，这才是最关键的。否则，任何媒介都是有罪的。就像古代哲学家也曾批判过我们的双眼，批判过文字的泛滥。然而，如何看清楚一个问题，如何驾驭一个事物，才是我们要思考的问题。

用孔子的“世风日下，人心不古”喊着“短视频是一个害人的玩意儿”，确实是一件容易的事情。只要高举拥护传统的契机，我们就容易得到群众简单粗暴的支持。然而，拥抱新事物，往往会显得鲁莽和有所企图，但这也需要更多的勇气。

# 亲爱的安先生

2018 年毕业于北京电影学院摄影系导演专业。

毕业后曾执导电影，并指导拍摄过大量宣传片及商业 TVC 广告。

2019 年，与朋友共同创办一家数字营销类公司，为客户提供短视频营销策略和方案执行，通过效果广告投放的形式推广客户的产品。

2021 年，在短视频平台上通过讲解美学收获大量观众的认可，3 个月涨粉至百万。

2022 年，创办跨境直播类电商公司，通过 TikTok 短视频内容和直播内容，积累粉丝 200 万，并向美国消费者售卖中国产品。

多年不同媒介的影像实践经验，使他对数字营销以及影像的理解更加深入，并根据理论和实践开发课程。其创办的“第一人称”短视频社群通过高品质的教学，帮助诸多学员获得了可观的结果：多位学员从零开始拍摄短视频，短期内即涨到数百万粉丝；有学员拍摄出数亿播放量的视频；也曾有学员通过短视频变现，月营收超过百万。

“亲爱的安先生”以独到且敏锐的视角，帮助学员们在保持个人表达风格的同时，收获了更大的影响力。